内生时机下的产量与价格竞争研究

杨晓花 著

U0316156

北京交通大学出版社
·北京·

内 容 简 介

本书共 7 章，第 1 章为绪论；第 2 章在一定的比较标准下对内生时机下的产量与价格竞争进行了比较研究；第 3 章立足支付函数的特性，探索了内生时机下一般双寡头博弈中出现不同行动顺序的本质条件；第 4 章研究了双重内生选择下，即当博弈的策略变量类型和水平都由参与人内生选择时，双寡头博弈的均衡结果；第 5 章研究了当产品市场为不同竞争形式时，内生 R&D 时机下 R&D/产品市场竞争的多阶段博弈中的均衡结果，并对产品市场为不同竞争形式时的均衡结果进行了比较；第 6 章研究了内生时机下不完全信息的价格竞争均衡；第 7 章为全书的总结与展望。

本书可作为经济、管理、决策科学与相关专业本科及以上学历学生的学习用书，亦可作为相关专业科研人员的研究参考用书。

图书在版编目（CIP）数据

内生时机下的产量与价格竞争研究 / 杨晓花著. 北京：北京交通大学出版社，2024.11. -- ISBN 978-7-5121-5383-7

Ⅰ. O225

中国国家版本馆 CIP 数据核字第 2024R1R973 号

内生时机下的产量与价格竞争研究
NEISHENG SHIJI XIADE CHANLIANG YU JIAGE JINGZHENG YANJIU

责任编辑：黎　丹

出版发行：北京交通大学出版社　　　　　电话：010-51686414　　http://www.bjtup.com.cn

地　　址：北京市海淀区高粱桥斜街 44 号　　邮编：100044

印　刷　者：北京虎彩文化传播有限公司

经　　销：全国新华书店

开　　本：170 mm×240 mm　　印张：9.5　　字数：197 千字

版　印　次：2024 年 11 月第 1 版　　2024 年 11 月第 1 次印刷

定　　价：59.00 元

前　言

产业经济学中的经典模型 Cournot 模型、Bertrand 模型及 Stackelberg 模型都假设参与人的行动顺序是外生给定的，这一假设一直以来广受质疑。自 Hamilton 和 Slutsky 提出博弈中参与人的行动顺序应由参与人内生确定的内生时机确定的观点并给出两种具体确定博弈中内生时机的机制后，对内生时机下博弈模型的研究成为博弈论中的一个热点问题。本书对内生时机下的产量与价格竞争进行了研究。具体地，本书的主要工作如下。

首先，分析比较了可观测延迟的内生时机下产量与价格竞争的均衡。表明虽然在可观测延迟的内生时机下产量竞争中的均衡行动顺序为同时行动，而价格竞争的均衡行动顺序为分别以两个参与人为领头者的领头者－尾随者式的序贯行动，但在以下 3 个准则下：企业的净价格产出比、平均产出和平均价格，价格竞争均衡较产量竞争均衡更具有竞争力。

其次，在一般的框架下分析了内生时机下双寡头博弈中的均衡，给出了导致不同均衡行动顺序的本质条件。这些条件只依赖于参与人自身的反应函数的增减性和参与人的支付函数关于对手策略变量的增减性。这些结论不仅适用于一般的产量与价格竞争，也适用于其他的两人博弈，如一般竞赛博弈。

再次，分析了在线性需求及成本函数的双重内生选择下——参与人的行动顺序和策略变量类型都由参与人内生确定时博弈的均衡。表明若参与人的行动时机和策略变量类型都按可观测延迟的机制确定，则无论参与人是在内生时机之前还是在内生时机之后内生确定策略变量类型，均衡结果是相同的，都为三种行动顺序的产量竞争，即分别以两个参与人为领头者的领头者—尾随者式的序贯行动和同时行动的产量竞争。

本书还将内生时机的理论应用于企业先进行 R&D 后在产品市场竞争的多阶段动态博弈中，研究了内生 R&D 时机下当产品市场分别为价格竞争和产量竞争时的均衡行动顺序，并将产品市场为两种不同竞争形式时的均衡进行了比较。表明无论产品市场为何种竞争形式，均衡的 R&D 顺序只由企业的外溢参数和产品差异程度决定，与企业的 R&D 成本函数无关。同时无论产品市场为何种竞争形式，序贯 R&D 时每个企业的 R&D 水平、产品市场产量（价格）及社会总福利均高于（低于）同时 R&D 时的情形。另外，与产品市场为 Cournot 竞争相比，当产品市场为 Bertrand 竞争时企业同时 R&D 的可能性更大。而且当内生的 R&D 顺序为同时 R&D 时，产品市场为 Bertrand 竞争时企业的均衡 R&D 投入要低于产品市场为 Cournot 竞争的情形，且两者都低于社会福利最优的投资水平。

最后，分析了不完全信息下差异产品的双寡头价格竞争在行动承诺的内生时机下的均衡行动顺序，其中的不完全信息表现为双寡头中的一方对需求具有不完全信息。分析表明均衡的行动顺序为分别以完全信息和不完全信息的企业为领头者的序贯行动（Stackelberg 竞争）。在以完全信息的企业为领头者的Stackelberg 竞争中，领头者与尾随者之间的信号传递使得均衡结果与完全信息时相同，即任意类型的领头者都不存在价格扭曲——其价格为完全信息的序贯行动中领头者的价格，而尾随者能准确推断领头者的类型，并确定相应的完全信息时的尾随者价格。

由于作者水平有限，书中难免存在不足之处，恳请广大读者指正。

著　者

2024 年 10 月

目　　录

第1章 绪 论

本章是全书的绪论。首先，介绍本书研究的目的、意义及背景；其次，介绍本书研究问题的来源；再次，介绍本书研究所涉及的相关文献；最后，给出本书的主要内容及结构安排。

1.1 引 言

产业经济学中的经典模型，如 Cournot（古诺）模型、Bertrand（伯川德）模型及 Stackelberg（施塔克尔伯格）模型虽然都形成于博弈论理论体系产生之前，但它们都是早期具有 Nash（纳什）均衡思想的经典模型[1-3]。这 3 个经典模型中最先被提出的是 Cournot 模型，Cournot 模型是经济学中具有 Nash 均衡思想的最早模型，比 Nash 均衡的定义早了 100 多年。Cournot 模型研究了在生产替代性产品的寡头垄断市场中，追求利润最大化的寡头企业之间的产量竞争。与 Cournot 模型的观点不同，Betrand 模型认为寡头企业在竞争时关注更多的是产品市场上的价格竞争，因此 Bertrand 模型对寡头市场中企业的价格竞争进行了研究。从博弈理论中行动时序的角度，Cournot 模型和 Bertrand 模型中都严格遵循经典博弈理论中静态博弈的假定，即假设企业的行动时机是外生确定的一次性同时行动。与上述两类模型相比，经典的 Stackelberg 模型描述的虽然也是寡头之间的产量竞争，但寡头之间的行动时机不再是同时的，而是外生给定的序贯行动①。在对三类模型的经典研究中，除经典经济学中最基本的理性人及竞争规则外生给定的假设外，一般还假设参与人的需求及成本函数都为线性的，研究的重点集中在均衡的产量、价格及企业利润。这三类经典模型，从竞争的性质来看既包括产量竞争也包括价格竞争；从行动的顺序来看既包括同时行动也包含序贯行动；同时三类经典模型中所蕴含的经济人之间的博弈思想明确，在经典的替代产品的 Cournot 双寡头模型中，参与人之间的策略是替代的，即参与人会随着对手产量的增加而减少自己的产量，而在经典的替代产品 Bertrand 双寡头模型中参与人之间的策略是互补的，即参与人会随着对手价格的增加而增加自己的价格[4-7]②。因此，这三类基本模型构成了整个产业经济学的基石，在现实生活中具有很大的适用范围。

在针对这三类经典模型的已有研究中，Hamilton 和 Slutsky 提出的内生时机观点对这三类经典模型具有开创性的作用[8]。一直以来，学者们对这三类经典模型中的一个共同假设——博弈中参与人的行动顺序（同时或序贯行动）都是外生给定的，颇有争议。这一争议直到 Hamilton 和 Slutsky 提出内生时机观点才得以解决。内生时机观点表明一个博弈中参与人的行动顺序不应该由外生确定，而应该由参与人自己确定，即参与人之间的博弈本身也包含对行动顺序

---

① 虽然经典的 Stackelberg 模型描述的是序贯行动的寡头之间的产量竞争，后来的学者们也常将序贯行动的价格竞争称为 Stackelberg 博弈，不过现在 Stackelberg 更多的指序贯行动模式，以至于人们常将参与人序贯行动时博弈的解直接称为 Stackelberg 解。

② 这只是经典模型及大多数常见需求及成本函数下替代产品时两种模型的反应特征。在一般条件下这个结论并不满足，在互补产品或在某些奇特的需求及成本函数下，Cournot 模型可能呈现出策略互补，而 Bertrand 模型可能呈现出策略替代。

的博弈[8]。在此观点的指引下，本书对内生时机下的产量与价格竞争进行了研究。

对内生时机下这几类经典模型的进一步研究不仅可以丰富博弈的理论，而且可以将博弈论更广泛地应用于产业经济学和现实生活中，以便更好地指导人们的经济生活。因此，对这几类模型的研究不论是对博弈论还是对经济学的发展都具有十分重要的意义。

1.2　传统产量与价格竞争的一般结论

对三类经典模型的研究主要集中在 3 个方面：第一，在更一般的条件下，关于三类模型中均衡的存在性及特性的研究；第二，关于产量竞争与价格竞争的均衡比较及哪种竞争形式更合理的研究；第三，关于三种经典模型中行动优势的研究。

解的存在性是一切博弈问题的研究基础，对经典模型的解的存在性的进一步研究有利于人们更深刻地理解博弈论的理论并进一步发展对其的应用[9-10]。用传统的方法分析 Cournot 模型与 Bertrand 模型中解的存在性问题的研究很多，也得到了一些经典结论。从本质上说，这些方法是通过寻找反应的 Kakutani（角谷）不动点来寻找博弈的均衡，因而主要是通过考察目标函数的凹性及可微性条件等，一般要求目标函数的连续性及可微性、策略空间的连续性等。从一定意义上说，这些研究更多的是从数学上探寻解的存在性，其所给出的解的存在性条件的经济学含义并不明显，且研究趋于完善。要想对基本模型中关于解的存在性的研究有新的突破，必须借助新的方法。超模博弈便是近年来出现的一种新的分析方法，用它分析两个经典模型能得到一些新结论，且这些结论条件简单，经济学意义直观。下面首先简单介绍超模博弈理论。

超模博弈理论建立在格子理论的基础之上，用这种方法分析一个博弈实质上是通过寻找反应对应的 Tarski 不动点来寻找博弈的均衡，而 Tarski 不动点表明任意一个完备格子上的非减映射具有不动点，且其不动点集为一个完备格子[11]。因而由 Tarski 不动点的条件，用超模博弈的方法分析问题不需要传统的对于策略空间严格的结构要求（策略空间的凸性），也不需要目标函数的凹性及可微性等条件，而只需要策略空间具备一定的序结构（完备格子）及目标函数的一定的单调性条件。从结论上说，Tarski 不动点集为一个完备点集，即有上、下确界，对应于相应的博弈，这意味着博弈的均衡集有最大、最小元素。超模博弈的方法首先由 Topkis 提出[12]，后由 Vives 及 Milgrom 和 Roberts 等进一步发展并运用于产业经济学中[13-15]。同时，Milgrom 和 Shannon 将 Topkis 提出的基数超模的概念发展到序数超模[①][16]，而 Athey 将一般完全信息下的超模分析方法发展到不完全信息的博弈中[17]。超模博弈的分析方法为分析经济学中的互补问题及双寡头时的替代问题提供了方便的方法[②]，用其分析问题所得出的结论的实际经济学意义很明显，而且超模博弈中纯策略 Nash 均衡存在并具有一定的序结构。因此，用超模博弈的方法分析 Cournot 模型和 Bertrand 模型中的 Nash 均衡能够去掉一些不必要的假设，得到更直观的结果。近年来，关于 Bertrand 模型和 Cournot 模型中解的存在性的新成果基本上都是建立在超模博弈的思想之上的。下面逐一对两类模型中解的存在性结论进行介绍。

1. Cournot 模型中解的存在性结论

首先，介绍研究 Cournot 寡头博弈中解的存在性的突出结论，并对这些结论的实质加以说明。以下所介绍的 Cournot 模型如不加特殊说明都是对于一般

---

① 一般不加说明时所提到的超模博弈都指基数超模。

② Vives 表明双寡头的策略替代问题可通过对某一策略的反序变换使其变为策略互补问题。当文中提到双寡头 Cournot 模型为超模博弈时一般指做了这种处理后的情形。

的单一替代产品的 n 寡头产量竞争（一般情况下也称为 Cournot 竞争）。假设其市场的逆需求函数为 $P(\cdot)$，每个企业的成本函数为 $c_i(\cdot)$，$i=1,2,\cdots,n$。有以下 5 个经典的关于解的存在性的结论。

结论 1[18]   在以上单一同质替代品的 Cournot 市场中，若每个企业的成本函数都相同，即 $c_i(\cdot)=c(\cdot)$，$i=1,2,\cdots,n$，且如果以下两个条件满足

（1）逆需求函数 $P:\mathbf{R}^+\to\mathbf{R}^+$ 非增，上半连续，且 $(\sum\limits_i x_i)P((\sum\limits_i x_i))$ 有界，其中 x_i 为每个企业的产量；

（2）成本函数 $c:\mathbf{R}^+\to\mathbf{R}^+$ 连续且单调递增，且具有非减的增量成本①。
则 Cournot 均衡存在。

结论 2[19]   在以上单一同质产品的 Cournot 竞争中，如果

（1）逆需求函数 $P:\mathbf{R}^+\to\mathbf{R}^+$ 为非增的、二次连续可微的，且在其为正的区间上为凹函数；

（2）对于任意 i，成本函数 $c_i:\mathbf{R}^+\to\mathbf{R}^+$ 为非减的、二次连续可微的凸函数。
则 Cournot 均衡存在。

在以上两个存在性结论中，第一个结论是对于对称的 Cournot 寡头，而第二个结论是对于非对称的 Cournot 寡头。但两个存在性结论存在本质性的差异，第一个结论实质上是通过最优反应对应（除了向上的跳跃外）连续来保证的，而第二个结论主要是通过最优反应对应的连续性及凸性来保证的。而且为了保证最优反应的连续性及凸性，第二个结论要求支付函数为凹的，是用传统方法证明存在性的突出文献。事实上，目标函数的凹性假设也正是一般传统博弈分析所采用的基本假设。由于第一个结论不要求反应对应连续而只要求反应对应要么连续要么向上跳跃，因此它不需要传统的凹性假设，从这一点来说，第一个结论的思想不同于传统分析。无独有偶，以下的存在性结论在证明的思路上

---

① 函数 $c(\cdot)$ 具有非减的增量成本是指：$\forall y>y'\geqslant 0,x>0$，有 $c(y+x)-c(y)\geqslant c(y'+x)-c(y')$。

也完全不同于传统分析。

结论 3[20]　　在以上单一同质产品的 Cournot 竞争中，如果

（1）逆需求函数 $P:(0,\infty) \to \mathbf{R}^+$ 为连续的；

（2）存在 Z，使得 $P(Z)=0$，且在 $[0,Z]$ 上 $P(\cdot)$ 为二次连续可微的、严格递减的；

（3）在 $[0,Z)$ 上，$P'(X)+XP''(X) \leqslant 0$；

（4）对于任意 i，成本函数 $c_i:\mathbf{R}^+ \to \mathbf{R}^+$ 为非减的、下半连续的。

则 Cournot 均衡存在。

这个结论主要是通过证明最优反应对应单调减来获得的。其中考察 Cournot 多寡头时要求每个企业的利润函数只依赖于该企业的产出及所有对手企业的产出和，这样的多寡头竞争在本质上等同于双寡头竞争。事实上，这也是前两个存在性结论的一个共同特点。对于一般的多寡头 Cournot 模型，至今尚无一般的存在性结论。注意到条件（2）和条件（3）实质上等价于

$$\frac{\partial^2 x_i P(X)}{\partial x_i \partial X_{-i}} = P'(X) + x_i P''(X) \leqslant 0$$

其中，X 为所有企业的产量和，而 X_{-i} 为除 i 以外的所有企业的产量和。这又意味着企业的边际利润关于对手产量和递减。这一条件对于证明反应对应递减起关键性的作用。

在以上传统存在性结论的分析思路之上，Vives 分析了一般 Cournot 寡头成为超模博弈的条件，表明这些条件既不需要成本函数的连续性，也不需要利润函数的凹性，在替代产品时只要利润函数的二阶混合偏导数为负，在策略变量的一个简单序变换下，Cournot 博弈便为超模博弈，从而 Nash 均衡存在。值得说明的是，这个结论在本质上与 Novshek 的结论是一致的，即在 Novshek 的条件下，Cournot 博弈就是一个超模博弈，但 Novshek 并没有意识到这一点，

采用的仍然是一般分析的方法，因而使得证明过程相当复杂。而 Vives 采用基数超模博弈的方法使分析更简单。

Amir 用序数超模博弈的方法分析了一般成本及需求函数下的双寡头及对称需求条件下的多寡头 Cournot 模型中解存在性的条件[21]。正如前述，市场逆需求只通过所有企业的产量和依赖于每个企业的产量的 Cournot 多寡头实质上等价于双寡头模型，因此 Amir 直接针对一般双寡头给出了其存在性。

结论 4[21]　在以上单一同质替代品的 Cournot 双寡头竞争中，如果

（1）逆需求函数 $P: \mathbf{R}^+ \to \mathbf{R}^+$ 为严格递减且对数凹的；

（2）存在 $Z > 0$，使得对于任意 $X > Z$，都有 $XP(X) - c_i(X) < 0$；

（3）对于任意 i，成本函数 $c_i: \mathbf{R}^+ \to \mathbf{R}^+$ 为严格递增的左连续的。

则博弈为序数超模的，从而其 Cournot 均衡存在。

很显然，这些存在性条件只依赖于成本函数的单调性及逆需求函数的单调性和对数凹性，其本质是为了保证在适当的序变换下利润函数的对数超模性，从而最终保证反应对应递减。由于序数超模博弈是超模博弈的推广，因而 Amir 的存在性结论实质上是对 Novshek 结论的序数推广。Amir 还给出了满足结论 4 中条件但不满足结论 3 中条件的具体逆需求函数，同时 Amir 还表明在双寡头 Cournot 博弈中在 Nash 均衡存在性条件满足的基础上，若另外每个企业的成本函数为凸的，则 Nash 均衡是唯一的。

在以上 4 个存在性结论中，不同于结论 2，结论 1、结论 3 及结论 4 都不要求支付函数的凹性，从实质上说，它们都是通过反应对应的增减性得到的，从这一方面来说其分析思想实质上就是超模博弈的思想，即最终的均衡点实质上是反应对应的一个 Tarski 不动点。但遗憾的是，结论 1 和结论 3 都没有明确指出分析方法及结论与超模博弈分析的关系，如上所述，这一关系首先被 Amir 指出，并对其进行了序数推广。近一步地，Amir 也运用序数超模博弈的方法

直接对其进行了推广[22]。

结论 5[22] 在以上单一同质替代品的 Cournot 双寡头竞争中，如果每个企业的成本函数相同（ $c_i(\cdot) = c(\cdot)$ ， $i = 1, 2$ ），且满足以下 3 个条件：

（1）逆需求函数 $P: \mathbf{R}^+ \to \mathbf{R}^+$ 为连续可微的严格减函数；

（2）在 $\varphi = \{(z, x) : x \geqslant 0, z \geqslant x\}$ 上， $\Delta(z, x) = -P'(z) + c''(z - x) > 0$ ；

（3）成本函数 $c: \mathbf{R}^+ \to \mathbf{R}^+$ 为二次连续可微的非减函数。

则该 Cournot 寡头博弈至少存在一个对称均衡，不存在非对称均衡。

值得说明的是，以上条件中的可微性假设不是实质性的，只是为了叙述的方便，其实质是条件（2）所保证的利润函数的超模性，因此，其证明的实质也是证明一个转化后的反应对应的递增性，从这一点上说它其实是结论 1 的推广。

结论 3 和结论 4 实质上都是通过保证反应对应递减（参与人的策略是替代的）得到的。受此启发，Amir 探寻了 Cournot 博弈中最优反应对应递减（策略替代）的充分必要条件，同时比较了使 Cournot 博弈成为基数超模博弈和序数超模博弈的条件[23]，表明在线性成本时，Cournot 双寡头中最优反应对应递减的充分必要条件为净成本逆需求函数（逆需求函数与成本函数之差）在一定范围内严格对数凹，这在经济学上意味着逆需求函数的弹性关于对手产量严格递增。另外，虽然 Topkis 表明序数超模博弈比基数超模博弈更广泛，但 Amir 用反例表明对于 Cournot 博弈其充分条件之间不具备可比性[23-24]。最后，有些 Cournot 模型虽然既不是基数超模的也不是序数超模的，但在利润函数的某些严格单调转换下却可能成为超模的，而严格单调转换不影响超模博弈的分析结果，这为用超模博弈分析 Cournot 模型提供了更为广阔的前景。总之，近年来对 Cournot 模型中均衡存在性的研究进展主要是通过超模博弈的理论来进行的。

以上是完全信息下 Cournot 模型中均衡存在的主要结论。关于不完全信息下 Cournot 模型中均衡的存在性，也有学者进行了研究。完全信息时均衡存在性的主要条件是支付函数的拟凹性和序数次模性。然而，在不完全信息下，即使支付函数在每一个状态下满足拟凹性和次模性，也不能保证期望支付函数的拟凹性和次模性，从而也就不能保证解的存在性。因此，不完全信息下解的存在性只能对每种状态下的支付函数施加更严格的条件，以保证均衡的存在性。

Einy 研究了当市场需求和生产成本都具有不完全信息时，$N(1, 2, \cdots, n)$ 个生产同质产品企业的 Cournot 寡头竞争中均衡的存在性问题，给出了均衡存在的具体条件[25]。

在 Einy 的研究中，假设市场需求和生产成本都是不确定的，其不确定性的先验概率用定义于有限状态集 Ω 上的概率测度 μ 表示。每个参与人的私有信息由 Ω 上的一个分割 Π^i 表示，不失一般性，假设对任意的 $i \in \mathbf{N}$ 和任意的 $\omega \in \Omega$，$\mu(\Pi^i(\omega)) > 0$。若用 $q^i(\omega)$ 表示企业 i 在状态 ω 时的产量，则 $Q(\omega) = \sum_i q^i(\omega)$ 表示所有企业在状态 ω 时的总产量。$P(\omega, Q(\omega))$ 和 $c^i(\omega, q^i(\omega))$ 分别为状态 ω 时市场逆需求函数和企业 i 的成本函数。Einy 表明不完全信息下的 Cournot 模型中均衡存在的一般性条件为

（1）对于任意 $\omega \in \Omega$ 和对于任意 $i \in \mathbf{N}$，$c^i(\omega, \cdot)$ 连续且 $c^i(\omega, 0) = 0$。

（2）对于任意 $\omega \in \Omega$，$P(\omega, \cdot)$ 是非增的。对于任意 $\omega \in \Omega$，存在一个总的产出水平 $\overline{Q}(\omega) \in [0, \infty]$，当 $Q < \overline{Q}(\omega)$ 时，$P(\omega, Q) > 0$，且当 $\overline{Q}(\omega) < \infty$ 时，$P(\omega, \overline{Q}) = 0$。

（3）存在一个产出水平 $z < \infty$，对于任意 $i \in \mathbf{N}$，$\omega \in \Omega$，当 $q \geqslant z$ 时

$$qP(\omega, q) - c^i(\omega, q) \leqslant 0$$

条件（2）的含义是：市场存在一个水平的需求截距，当市场总需求小于

这个截距时，市场上产品的价格是大于零的。条件（3）的含义是：当企业的垄断产出水平超过一定值时企业的垄断利润为非正的。

在双寡头 Cournot 竞争中，上述一般性条件及以下条件

（4）对于任意 $\omega \in \Omega$，对于任意 $Q \in [0, +\infty)$，$P(\omega, \cdot)$ 二次连续可微且 $QP''(\omega, Q) + P'(\omega, Q) \leqslant 0$。

同时满足时，双寡头博弈的均衡存在。

对于多寡头的 Cournot 竞争，均衡存在的充分条件除上述一般性条件（1）～（3）外，还必须满足以下条件：

（4'）对于任意 $\omega \in \Omega$，对于任意 $Q \in [0, +\infty)$，$P(\omega, \cdot)$ 二次连续可微，且垄断收益函数 $QP(\omega, Q)$ 是凹的，即

$$QP''(\omega, Q) + 2P'(\omega, Q) \leqslant 0$$

类似于以往关于存在性的结论，条件（1）～（4）和条件（1）～（4'）都是为了保证企业的利润函数关于自身产出及其他企业的产出和的基数次模性，同时在企业成本函数凸性的假设下，企业的期望利润函数便是关于自身策略的凹函数。因此，以上存在性结论实质上是 Novshek 经典结论在不完全信息情况下的推广。

2. Bertrand 模型中解的存在性结论

在以上关于同质产品的 Cournot 均衡的存在性结论中，由于其成本函数和需求函数千变万化，对于不同的成本及需求函数，其均衡是否存在及均衡存在时均衡的个数和均衡的具体特性各不相同，对于差异产品更是如此。因此，Cournot 寡头模型中均衡的存在性及均衡特性仍是备受人们关注的领域。不同于 Cournot 寡头模型，在传统的同质产品的 Bertrand 寡头模型中，当每个企业的边际成本为常数时，即使只有两个企业，价格竞争也会导致产品的价格等于

边际成本最小的企业的边际成本，这个企业占有整个市场需求且利润为零，同时整个产业的利润也为零，这便是著名的"Bertrand 悖论"[2]。在非常数生产成本时，Bertrand 寡头竞争也会导致强烈的竞争特性。正是由于 Bertrand 价格竞争中强烈的竞争特性，导致 Bertrand 模型具有奇特的比较静态特征：整个产业的边际成本同时下降对产业的均衡利润没有影响（价格仍然等于边际成本最小的企业的成本，均衡利润仍然为零）。因此，近年来对 Bertrand 模型的研究一方面体现在对均衡的存在性的研究上，另一方面则体现在对"Bertrand 悖论"的研究上。

正是由于同质产品"Bertrand 悖论"的存在及其奇特的比较静态特征，近年来对 Bertrand 模型的研究主要是针对差异产品。另外，在现实生活中在价格竞争时参与人的策略往往呈现出明显的互补性，即企业往往会因为对手提价而增加自己的价格，这又为将超模博弈的分析方法用于这一传统模型提供了充分的理由。因此，本书也主要阐述将超模博弈的分析方法用于分析这一传统模型所得到的新结论。

Vives 表明在差异替代产品的 Bertrand 竞争中，由于企业的需求往往关于自己的价格递减、关于对手的价格递增，因而利润函数的超模性往往很容易满足[13]。而利润函数的超模性意味着均衡存在，并且最优反应对应递增，即企业的价格随对手价格的增加而增加，这一现象也通常是符合现实情况的。进一步，Milgrom 和 Roberts 用超模博弈的方法表明在 n 寡头差异替代产品的 Bertrand 竞争中，若企业 i 的边际生产成本为常数 c_i，且其需求弹性关于其他企业的价格非增，则 Bertrand 博弈为对数超模的，即均衡存在。从数学上说，对于可微的需求函数 $D_i(\boldsymbol{p})$（其中，$\boldsymbol{p} = (p_1, p_2, \cdots, p_n)$ 为价格向量），需求弹性关于其他企业的价格非增，即等价于 $\dfrac{\partial^2 \ln(D_i)}{\partial p_i \partial p_j} \geq 0$。同时在一般情况下，以下 4 类常见需求函数显然满足上述要求：Logit 需求函数、常数替代弹性的需求函数、超对数的需求函数、线性需求函数[15]。

Spulber 研究了一般需求及成本条件下非对称信息同质产品的 Bertrand 多寡头模型，其中企业关于自己的成本具有私有信息，证明了均衡的存在性，并表明在非对称信息下企业的定价大于边际成本，并且期望利润为正[26]。这在一定程度上解释了 Bertrand 悖论，为价格竞争在现实中的存在性提供了依据。Cabral 研究了一般成本及需求下生产多产品的多寡头之间的价格竞争，其中总的需求弹性接近于 0，并且企业为对称的，表明当企业在多个市场之间只存在成本的相互作用时，则在很一般的假设下，产业中企业成本的同时减少会导致企业的均衡利润下降。Cabral 将这一现象称为"Bertrand 超级圈套"（Bertrand supertraps），并表明在同样的前提条件下若企业在多个市场之间只存在需求相互作用，也会出现"Bertrand 超级圈套"[27]。

作为产业经济学中的基石，虽然历经数百年的发展，这三类模型绝不是已囊括现实经济生活中的所有情形，对这三类模型的研究也绝非已趋完善。事实上，这三类经典模型自身便存在相互的质疑。

Cournot 模型受到的一个重要质疑是"参与人的行动是同时进行的"这一假设的合理性。这一质疑首先来自 Edgeworth，他首次指出 Cournot 模型中"外生确定的同时行动"这一假设是不现实的[9]。之后，Cournot 模型中同时行动的这一假设又受到了 Stackelberg 的强烈批判。Stackelberg 指出在现实生活中，人们的行动往往是有先后的，并提出参与人先后行动且后行动者可以完全观测到先行动者行动的产量竞争 Stackelberg 模型。由于同时行动的 Cournot（或 Bertrand）模型及先后行动的 Stackelberg 模型已经能模型化很大一部分现实生活了，在 Stackelberg 模型产生之后的很长一段时间内人们基本上是在这两类基本模型的基础上解决经济生活中的主要博弈问题。

　　尽管 Stackelberg 模型被广泛接受，对它也并不是没有争议的。在 Stackelberg 模型中参与人的行动顺序是外生给定的序贯行动，即其行动模式中外生地存在一个领头者和一个尾随者，然而 Stackelberg 模型本身却并没有指出领头者和尾随者应该如何确定。在实际的博弈中，博弈中的参与人有时会偏好于博弈中的同一个角色——都偏好于做领头者或都偏好于做尾随者。事实上，Stackelberg 自己也意识到这一问题，指出在很多实际博弈中可能会由于参与人都偏好于同一角色而导致稳定的均衡不存在。诺贝尔经济学家 Schellings 在其代表性著作 *The Strategy of Conflict* 中也表明在现实博弈中当参与人都偏好于同一角色时参与人经常会采取一些其他的行动来促成自己在博弈中的特定角色[10]。例如，两军对峙时过了桥的一方炸毁桥梁，其实质就是用行动承诺来确定自己的领头地位。

　　在 Stackelberg 模型的基础之上，学者们纷纷提出了如何外生确定 Stackelberg 博弈中领头者的观点，有些主张应该以高效率的企业为领头者[28-29]，而有些则主张应该以生产规模最大的企业为领头者[30]。但这些大多是从外在的市场准则来考虑的，需要有外在强制力的约束才可能实现。在一个高度完善的市场中，经济人的经济活动是具有很大的自由性的，因而通过外在力量来确定市场领头者的观点是不现实的。同时在经典的博弈理论中，参与人是完全理性的，即以追求最大收益为目的，参与人对博弈中特定角色的偏好自然也是由其收益决定的，因此以任何强制规则确定参与人在一个博弈中的角色自然也是不合理的。

　　在现实的经济生活中，更多的情况下经济人是可以自由选择行动的时机的。例如在寡头竞争中，拥有专利的在位企业，既可以在专利即将到期之前生产一定的产量以确定自己的领头地位，也可以延迟生产和进入者一起或在进入者之后生产；即使是同时在位的寡头企业，何时生产往往也是由企业自己决定的；在公共产品的私人自愿供给中，捐赠者往往是能够自己确定在他人之前还是之后捐赠的；在寻租活动，如政治候选人的竞选活动中，竞争的双方何时采取影响决策者决策的寻租活动也往往是由寻租者自己决定的。很显然，博弈中各参与人关于自己的行动时机的选择共同决定了博弈中参与人的行动顺序，因此上述实例表明博弈中最终各参与人的行动顺序也应该由参与人自己内生确定。

博弈中参与人的行动顺序应该由参与人内生确定的观点首先由 Hamilton 和 Slutsky 提出，不仅如此，他们还提出了两种具体确定一个博弈中内生确定行动顺序的规则，即可观测延迟（observable delay）和行动承诺（action commitment）[8]。从理论上来说内生时机的观点更符合经典博弈论中"参与人是完全理性的"这一基本假设，这是因为理性的参与人以追求最大收益为目的，因而博弈中参与人的行动时机自然也应该由参与人自己根据其在不同行动时机下的收益决定。在现实中的很多情况下，参与人在博弈中的行动时机也确实都是由参与人之间内生确定的，作为同时对 3 个经典模型的改进，Hamilton 和 Slutsky 的内生时机观点几乎可以看作是对传统模型的一次革新。已有的研究表明，在很多情况下传统的外生时机下成立的结论在内生时机下不再成立。因此上述内生时机的观点自提出以来就备受关注。

Cournot 模型受到的另一个质疑是将产量作为参与人的策略变量的合理性。这一质疑首先来自 Bertrand，他声称现实中人们往往不是调节自己的产量以满足固定的价格，而是调节自己的价格以满足市场的需求，因此 Cournot 模型中将产量作为参与人的策略变量是不合理的[2]。然而 Bertrand 模型中由于存在著名的"Bertrand 悖论"，即在线性需求及成本函数下的同质产品的 Bertrand 竞争中，即使只有两个竞争企业也会导致完全竞争时的均衡结果（企业的均衡价格等于边际生产成本，从而每个企业的均衡利润为零），也受到广泛质疑。

学者们纷纷寻找消除 Bertrand 悖论从而更符合实际的模型，如提出产品空间位置差异的 Hotelling 模型等[31]。

Bertrand 对 Cournot 模型将产量作为参与人的策略变量的合理性的质疑导致人们从另外两个不同的角度研究这两类基本模型：其一，研究究竟是价格竞争还是产量竞争才是更符合实际的竞争形式。既然 Bertrand 质疑 Cournot 模型将产量作为策略变量的合理性，而价格竞争也不是处处适用的，哪种竞争形式更合理的问题便油然而生。这方面一个被广泛接纳的观点是：一个具体博弈中究竟会产生哪种竞争形式也应该由博弈中的参与人自己内生决定[32, 33]。这一观点和上述内生时机的观点类似，从某种程度上说它借鉴了内生时机的观点。其二，比较研究价格竞争与产量竞争两种不同竞争形式的相对效率。这方面的研究又主要是从静态和动态两个方面进行的，前者主要是在不同的标准下比较不同的静态环境下产量与价格竞争的相对效率，而后者则主要研究将价格或产量竞争看作某一多阶段动态博弈的一个阶段时，产量与价格两种不同竞争形式对其他博弈阶段的影响，即不同的动态背景下不同竞争形式的相对效率。近年来，从以上两个方面对两类经典模型的研究方兴未艾，遗憾的是，由于现实的复杂性及人们在经济活动中行为的多样性，这两个问题至今也没有一致性的答案。

最后，Cournot 模型和 Bertrand 模型受到了一个共同的质疑，这便是博弈中参与人的行动是一次性的这一假设的合理性[34]。在现实中生产或定价往往可以是多阶段的，参与人可以有多次行动的机会，如企业的生产往往是在多阶段进行的，供应商可以根据市场状况调节自己的价格等。对这种多次行动机会的博弈的研究，目前主要集中于对两阶段博弈的研究，即参与人的行动阶段不再是以前的一蹴而就的，而是可以在两阶段内选择。由于在两阶段行动中参与人可以选择在某一阶段不行动，因而这种两阶段行动模型其实质就是行动承诺的内生时机观点的扩展，即参与人自由选择在每一个阶段的行动。不同于常见的行动承诺的内生时机下的模型，在常见的行动承诺的内生时机下，参与人只有一次行动机会，而在两阶段模型中每个参与人在两个阶段都可以选择行动，即有两次行动机会。两阶段行动的观点实质上是行动承诺的内生时机观点的一种延伸。

上述对 3 个经典模型的主要质疑导致了对经典模型的重要改进，虽然这些改进要求使用更复杂与更精细的博弈理论分析问题，但由于其更符合实际，从而对人们的实际生活具有更重要的指导作用。

在对经典模型的已有改进中，内生时机的观点是主要的、革新性的，其他研究实质上都是内生时机观点的延伸。内生时机观点主张博弈中参与人的行动顺序也应该为参与人自身博弈的结果，它的理论基础是博弈理论中"参与人为理性的"这一基本假设。内生时机观点同时解决了学者们对 3 个经典模型中关于行动顺序的假设的质疑。在内生时机观点下，对三类基本模型的研究实质上退化为关于内生时机下产量与价格竞争的研究。目前，国外对内生时机下传统模型的研究蓬勃兴起，但主要是对上述几个研究方面的单一方面进行的，如比较传统的外生时机下价格及产量竞争的相对效率、分别研究内生时机下价格或产量竞争中的均衡问题及研究外生行动顺序下参与人关于策略变量的内生选择问题等，而且这些研究主要是在完全信息下进行的。在已有研究的基础之上本书对内生时机下产量与价格竞争的研究也同时包括对基本模型的其他方面的研究，如同时研究内生时机及内生策略变量选择下博弈的均衡，比较内生时机下两种不同竞争形式的均衡等。同时，本书还对不完全信息时内生时机下的价格竞争均衡进行了研究。

1.3　产量与价格竞争的研究进展

　　经典的 Cournot 模型和 Bertrand 模型分别探讨了生产同质无差异替代产品的双寡头，在线性需求及成本函数下分别进行同时行动的产量与价格竞争时的均衡问题。在经典的 Cournot 模型和 Bertrand 模型的基础之上，当参与人的行动顺序不再是外生给定的而是由参与人自己内生确定时，人们通常将参与人之间进行产量竞争的寡头模型称为 Cournot 模型（不论其行动顺序如何），而参与人进行价格竞争的寡头模型为 Bertrand 模型。近年来，由于博弈理论的不断丰富与完善，运用博弈论的原理与方法分析产业经济学中的这两类基本模型的研究方兴未艾。

　　由于在对任何博弈问题的研究中，均衡的存在性是进行均衡研究的前提条件，而且在内生时机下的价格或产量竞争中，参与人在每一种具体的时机组合下的博弈实质上都是外生时机的博弈。因此为了使对内生时机下博弈均衡的研究理论基础更坚实，同时为了对内生时机下产量与价格竞争的研究背景及进展有一个更全面的了解，本节将从 3 个方面对近年来关于产量与价格竞争中的相关研究进行介绍。首先，简单介绍关于产量与价格竞争中均衡存在性的相关研究。其次，具体介绍学者们对内生时机下产量与价格竞争的研究。最后，介绍内生时机观点的一个延展——内生策略变量选择下的产量与价格竞争的研究。

1.3.1　产量与价格竞争中均衡存在性的相关研究

　　用传统的方法分析 Cournot 模型和 Bertrand 模型中解的存在性问题的研究

很多，也得到了一些经典结论。传统方法主要是通过考察目标函数的凹性及可微性条件等，从而通过证明反应对应的 Kakutani 不动点存在来证明博弈的均衡存在，其一般要求目标函数的连续性及可微性、策略空间的连续性等[18-20, 35]。从一定意义上说，这些研究更多的是从数学上探寻解的存在性，对所给出的解的存在性的条件没有给出其具体的经济学含义。要想对基本模型中关于解的存在性的研究有新的突破，必须借助新的方法。超模博弈便是近年来出现的一种新的分析方法，用它分析两个经典模型能得到一些新结论，且这些结论条件简单，经济学意义直观。下面首先介绍超模博弈理论。

超模博弈的方法首先由 Topkis 提出，后来被学者们广泛发展并应用于产业经济学的研究中[12-17]。超模博弈理论建立在格子理论的基础之上，用这种方法分析博弈中均衡的存在性实质上是通过寻找反应对应的 Tarski 不动点来实现的。Tarski 不动点表明任意一个完备格子上的非减映射具有不动点，且其不动点集为一个完备格子[11]。因而由 Tarski 不动点的条件可知，用超模博弈的方法分析博弈均衡的存在性不需要传统的策略空间连续的结构要求，也不需要目标函数的凹性及可微性等，而只需要策略空间的一定序结构（完备格子）及目标函数的一定单调性条件。从结论上说，不同于传统的存在性结论①，超模博弈理论是基于参与人的纯策略空间寻找其反应对应的 Tarski 不动点的，因而其纯策略均衡存在。不仅如此，由于 Tarski 不动点集为一个完备点集，即有上、下确界，对应于相应的博弈，这意味着博弈的均衡集有最大最小元素[24]。超模博弈的方法为分析经济学中的互补问题及双寡头时的替代问题提供了方便的分析方法②，用其分析问题所得出的结论往往具有明确的经济学含义。用超模博

---

① 传统的存在性结论是基于参与人的混合策略空间寻找其 Kakutani 不动点的，因而只能证明混合策略均衡的存在性(以纯策略均衡为退化情况)[29]。

② 由于双寡头博弈中的策略替代问题可通过对某一策略变量的反序变换使其变为策略互补问题，书中提到双寡头 Cournot 模型为超模博弈时一般指做了这种处理后的情形。

弈的方法分析 Cournot 模型和 Bertrand 模型中均衡的存在性能去掉一些不必要的假设，得到更直观的结果。

首先，简单介绍 Cournot 寡头博弈中解的存在性的突出结论，并对这些结论的实质加以说明[1]。在关于 Cournot 博弈的均衡存在性结论中，第一个不同于传统的存在性结论来自 Novshek，其表明在一般的非对称 Cournot 竞争中，均衡存在性的主要条件是市场的逆需求函数 $P(\cdot)$ 连续，且满足对于任意有界的 X，有 $P'(X) + XP''(X) \leqslant 0$，而成本函数为非减下半连续的[20]。这个结论在证明思路上完全不同于传统的存在性结论，它主要是通过证明最优反应对应单调减来获得的，其关键性条件 $P'(X) + XP''(X) \leqslant 0$ 中逆需求函数的二次可微性不是必要的，它实质上等价于企业的边际利润关于对手的总产量递减，从而反应对应为递减的。该存在性结论的条件比以往的存在性结论的条件更宽松。在 Novshek 思路的启发下，文献[21]分析了一般 Cournot 寡头成为超模博弈的条件[2]，表明这些条件既不需要成本函数的连续性，也不需要利润函数的凹性，而只要利润函数的二阶混合偏导数为负，在策略变量的一个简单序变换下，Cournot 博弈便为超模博弈，从而纯策略 Nash 均衡存在。文献［21］中的结论在本质上与 Novshek 的结论是一致的，即在 Novshek 的条件下，Cournot 博弈就是一个超模博弈，但遗憾的是，Novshek 并没有意识到这一点，采用的仍然是一般分析的方法，因而使得证明过程相当复杂。文献［22］用序数超模博弈的方法分析了一般成本及需求函数下的双寡头及对称需求条件下的多寡头 Cournot 模型中解的存在性的条件。其主要条件也是为了保证反应对应递减，

---

① 本节所介绍的 Cournot 模型，如不加特殊说明，都是对于一般的单一同质替代产品的 n 寡头产量竞争(一般情况下也称为 Cournot 竞争)。

② 事实上是利润函数的次模性得到的，但由于在双寡头博弈及每个参与人的策略都只依赖所有对手产量和的多寡头博弈中(这种多寡头博弈实质上是一种双寡头博弈)，在某一个参与人的策略空间的一个反序变换下次模博弈便是超模博弈，因此本书统一将次模博弈也称为超模博弈。

其条件实质上是 Novshek 中条件的序数版本。上述关于存在性结论的证明中反应对应递减是关键性的。受此启发，文献［23］探寻了 Cournot 博弈中最优反应对应递减（策略替代）的充分必要条件，表明利润函数的超模性是反应对应递减的关键充分条件，在线性成本时，Cournot 双寡头中最优反应对应递减的充分必要条件是净成本逆需求函数在一定范围内严格对数凹，这在经济学上意味着逆需求函数的弹性关于对手产量严格递增。

不同于 Cournot 寡头模型，在传统的同质产品的 Bertrand 寡头模型中，当每个企业的边际成本为常数时，即使只有两个企业，价格竞争也会导致产业的价格等于边际成本最小的企业的边际成本，这个企业占有整个市场需求，利润为零，同时整个产业的利润也为零，这便是著名的"Bertrand 悖论"[2]。在非常数生产成本时，Bertrand 寡头竞争也可能表现出强烈的竞争特性，强烈的竞争特性导致 Bertrand 模型具有奇特的比较静态特征：整个产业的边际成本同时下降对产业的均衡利润没有影响（价格仍然等于边际成本最小的企业的成本，企业的均衡利润仍然为零）[27]。Bertrand 悖论是一种不符合直觉的均衡结果，因此，近年来对 Bertrand 模型的研究一方面体现在对均衡的存在性的研究上，另一方面则体现在对产生"Bertrand 悖论"这种特定均衡结果的原因的研究上。

现实中价格竞争时参与人的策略往往呈现出明显的互补性，即企业往往会因为对手提价而增加自己的价格，这为超模博弈理论用于分析这一传统模型提供了充分的理由。事实上，在一般差异替代产品的 Bertrand 竞争中，由于企业的需求往往关于自己的价格递减，关于对手的价格递增，因而利润函数的超模性往往很容易满足，而利润函数的超模性意味着均衡存在[14]。用超模博弈的方法分析 n 寡头差异替代品的 Bertrand 竞争表明若企业的边际生产成本为常数，且其需求弹性关于其他企业的价格非增，则 Bertrand 博弈为对数超模的，即纯策略均衡存在。进一步地，在一般情况下，以下 4 类常见需求函数显然满足上述要求：logit 需求函数、常数替代弹性的需求函数、超对数的需求函数、线性需求函数[15]。

　　同样是在超模博弈的理论上，Cabral 研究了一般成本及需求下生产多产品的多寡头之间的价格竞争，表明若只有企业的成本函数在多个市场之间是相关联的，则当总的需求弹性接近于 0 时，在很一般的假设下，产业中企业成本的同时减少会导致企业的均衡利润下降[27]。Cabral 将这一现象称为"Bertrand 超级圈套"（Bertrand supertraps），并表明在同样的前提条件下若只有企业的需求函数在多个市场之间是相关联的，也会出现"Bertrand 超级圈套"。

　　以上关于产量与价格竞争中均衡存在性的最新结论都是运用超模博弈的理论得到的，而超模博弈理论中一个重要的特性便是函数的超模性在严格单调变换下是保持不变的。由此表明有些基本模型虽然既不是基数超模的也不是序数超模的，但在利润函数的某些严格单调转换下却可能成为超模的，而严格单调转换不影响超模博弈的分析结果，这为用超模博弈来分析产量与价格竞争提供了更为广阔的前景。

　　上述关于产量与价格竞争中均衡存在性理论的发展，不仅为研究内生时机下的产量与价格竞争提供了坚实的基础，而且在方法和思路上对研究内生时机下的产量与价格竞争也有借鉴作用。

1.3.2　内生时机下产量与价格竞争均衡的相关研究

　　近年来，对内生时机下产量与价格竞争的相关研究主要集中在以下几个方面：第一，完全信息时内生时机下产量与价格竞争均衡的研究；第二，不完全信息时内生时机下产量与价格竞争均衡的研究；第三，内生时机观点向多阶段产量与价格竞争的延伸。下面对其一一进行介绍。

1. 完全信息时内生时机下产量与价格竞争均衡的研究

经典的产量与价格竞争模型中假设参与人的行动顺序是外生给定的，这个假设在博弈论运用于产业经济学之前就已受到学者们的一致质疑。Stackelberg 在提出其著名的 Stackelberg 模型时也指出博弈中的参与人对于自己在博弈中的角色（是做领头者还是做尾随者还是同时行动）具有一定的偏好，只有当博弈中参与人的偏好与其实际身份相符时，均衡才可能是稳定的[3]。基于这一观点，为了研究外生确定的行动顺序是否与参与人自身的偏好相符，学者们纷纷研究序贯行动及同时行动的价格及产量竞争中的行动优势。研究表明，在对称的两人博弈中参与人的先动及后动优势主要取决于参与人的反应对应的增减性：若参与人的反应对应为递减的（递增的），则参与人具有先动优势（后动优势）[36]。同时在更一般的非对称的两人博弈中参与人何时会赞同或反对 Cournot 博弈中的行动顺序（同时行动）也主要取决于其反应对应的增减性[37]。

对不同外生行动顺序下参与人的行动优势的研究并不能解决外生行动顺序与参与人自身偏好的矛盾，这一矛盾在 Hamilton 和 Slutsky 提出参与人的行动顺序应由参与人自身决定时得到了合理的解决。在文献［8］中，Hamilton 和 Slutsky 指出，经典博弈论中的一个基本假设是博弈中的参与人都是完全理性的，而完全理性的参与人以追求收益最大化为目的，因此博弈中参与人在不同行动顺序下的不同收益导致博弈中的行动顺序本身就应该是参与人之间博弈的结果。与传统的外生时机相对应，Hamilton 和 Slutsky 将博弈中参与人的行动顺序由参与人自身决定的情形称为内生时机，并以产量竞争为基础，提出了两种内生确定一个两人博弈中行动顺序的机制：行动承诺（action commitment）和可观测延迟（observable delay）。

行动承诺的内生行动机制将任一个基本博弈分为两个阶段：在第一阶段，

每个参与人可以自由选择一个行动水平或选择等待（不采取任何行动而准备在第二阶段行动）；在第二阶段，若参与人在第一阶段已经选择了一个行动水平，则其不能再行动，而若参与人在第一阶段选择了等待，则其在第二阶段将选择一个行动水平。同一阶段内参与人的选择是同时的，即参与人不能观测到对方的行动。而如果两个参与人选择在不同的阶段行动，则后行动的参与人可以观测到第一阶段参与人的行动。在这种机制下，每个参与人同时对行动阶段及行动时策略变量水平的选择做出承诺。可观测延迟的内生行动机制也将一个基本博弈划分为两个大的阶段：基本博弈之前的扩展阶段和基本博弈阶段。参与人在基本博弈之前的扩展阶段先就基本博弈中的行动顺序问题进行一个扩展的博弈，在这个扩展的博弈中每个参与人有两种行动选择——先或后（选择在基本博弈中先动或选择在基本博弈中后动），因而可以看成是一个 2×2 博弈。这个扩展的博弈结束后参与人在扩展的博弈中的选择被所有参与人观测到，如果参与人在扩展的博弈中的选择相同，则基本博弈中的行动顺序是同时的，而如果参与人在扩展的博弈中的选择不同，则基本博弈中的行动顺序按参与人在扩展阶段所选择的行动顺序进行。在这种内生时机机制下，给定参与人 i 在基本博弈中同时行动、做领头者及做尾随者时的均衡支付水平分别为 Π_i^{N}、Π_i^{L} 及 Π_i^{F}，则参与人在扩展阶段关于行动顺序选择的 2×2 博弈可以表示为如图 1.1 所示的形式。

	参与人2	
	E	L
参与人1 E	$\Pi_1^{\mathrm{N}}, \Pi_2^{\mathrm{N}}$	$\Pi_1^{\mathrm{L}}, \Pi_2^{\mathrm{F}}$
参与人1 L	$\Pi_1^{\mathrm{F}}, \Pi_2^{\mathrm{L}}$	$\Pi_1^{\mathrm{N}}, \Pi_2^{\mathrm{N}}$

图 1.1 内生时机下扩展阶段的 2×2 博弈

以上两种内生行动机制的不同在于：在行动承诺机制中，参与人事先同时承诺在哪一阶段行动及相应的策略变量水平，即参与人的承诺是通过实际选择策略变量的水平来实现的；而在可观测延迟机制中，参与人事先同时选择行动顺序，即参与人对行动顺序先同时做出一个承诺，这个承诺做出后实际行动水平在基本博弈中实现，即行动顺序承诺与策略变量水平的选择之间存在一个延迟。以上两种内生行动机制自提出后被广泛应用于产量与价格竞争的研究中。

首先，介绍对内生时机下常见产量竞争博弈的研究[①]。文献[38]分析了行动承诺的内生行动机制下同质产品的 Cournot 双寡头中的均衡行动顺序，其中需求为线性的，单位成本为常数，表明将会出现以低成本企业为领头者的序贯行动。这一结论表明在行动承诺这种内生的行动机制下产量竞争在一般情形下会出现 Stackelberg 均衡（序贯均衡），从而支持了 Stackelberg 对 Cournot 模型的质疑。

文献[39]利用超模博弈的方法探寻了在可观测延迟机制下不同成本及需求条件下双寡头 Cournot 模型中的内生行动顺序，表明当 Cournot 博弈中策略为替代时（互补时），内生时序会导致同时行动（序贯行动）；当一个参与人的策略为替代的，而另一个参与人的策略为互补时，会导致以策略替代的参与人为领头者的序贯行动。策略替代是大多数常见 Cournot 模型的特征，包括线性需求及成本。因此，以上结论表明用上述两种内生行动机制分析 Cournot 模型产生了不同的均衡行动顺序。

其次，介绍对内生时机下常见价格竞争博弈的研究。文献[40]探寻了行动承诺机制下对称线性需求及非对称线性成本下 Bertrand 双寡头博弈中内生的均衡行动顺序，表明同时行动和两种序贯行动都可能成为均衡结果，但 Harsanyi 和 Selten 在文献[41]中提出的风险占优准则表明以高效率企业为领

---

① 这里常见的产量（或价格）竞争是指两利润最大化的企业之间的产量(或价格)竞争，它是与后面的社会福利最大化的企业（公有企业）与利润最大化的企业之间的竞争相对应的。

头者的序贯均衡风险占优于其他两个均衡。同时，文献［42］分析了在行动承诺机制下差异产品的 Bertrand 双寡头中当后行动者存在延迟成本时的价格竞争博弈，表明只要存在延迟成本，唯一的子博弈精炼均衡所确定的行动顺序为在第一阶段同时行动。

最后，文献［43］用超模博弈的方法分析了可观测延迟机制下不同需求函数下 Bertrand 双寡头博弈中的内生行动顺序，其中企业的边际成本为常数。表明内生的行动顺序依赖于需求函数导致的参与人策略之间的关系，而且这种依赖关系类似于 Cournot 模型中的依赖关系。进一步，文献［44］分析了可观测延迟机制下 Bertrand 双寡头中参与人的先动及后动优势，表明在非对称线性成本下若需求的价格弹性关于对手价格递增（递减），即需求函数为对数超模的（次模的），在线性需求下这又意味着参与人的策略为互补的（替代的），则至少有一个企业具有后动优势（每个企业都具有先动优势）。同时在对称线性需求及非对称线性成本下，内生时序会导致两个序贯行动作为均衡，这两个序贯均衡结果之间是不可风险排序的，但关于均衡选择的风险占优准则应用于第一阶段参与人的行动时机选择表明，以低成本企业为领头者的序贯均衡风险占优于以高成本企业为领头者的序贯均衡。这一结论为现实中通常以高效率企业为价格领头者的现象提供了理论解释。虽然文献［40］用行动承诺的内生机制分析 Bertrand 模型的均衡时得到的最后结果与这个结果相同，但前者的均衡结果有 3 个（两个序贯均衡和一个同时行动均衡），而这里只有两个序贯均衡结果，并且前者中的风险占优准则是应用于整个博弈，而这里风险占优准则只应用于第一阶段参与人关于时机选择的简化的 2×2 博弈。

以上结论表明内生的行动规则及策略变量的性质对均衡时的行动顺序都具有关键作用。不仅如此，企业的性质对内生的行动顺序也具有决定性的作用。研究表明，当双寡头企业不是两个利润最大化的私有企业，而是一个利润最大化的私有企业和一个福利最大化的公有企业，即混合寡头时，内生的均衡行动顺序和以上的结论完全不同。对于这种混合双寡头企业，当需求为线性且边际成本为常数时，在可观测延迟机制下，当寡头之间进行的是同质产品的产量竞争时，内生的均衡行动顺序为序贯行动[45]；当寡头之间进行的是差异产品的价格竞争时内生的均衡行动顺序为同时行动[46]。另外，若双寡头中一个为本国的公有企业，另一个为国外的私有企业，则在可观测延迟的内生时机机制下产量竞争的均衡行动结果也为序贯行动[47]。这些结论表明同样是在可观测延迟的内生时机机制下，混合寡头时的均衡行动顺序和两个私有寡头时的对应结论正好相反。

在以上两种内生的行动机制中，无论是可观测延迟还是行动承诺机制，参与人都对行动的顺序及行动水平做出了完全承诺，其承诺是不可撤回的，即参与人会严格遵守承诺。与上述观点不同的是，在现实中参与人通常可以以一定的成本来改变自己的承诺，这时参与人的承诺是不完全的，只是部分的。文献 [48] 研究了这种部分承诺下两人博弈中的行动优势，其中某一个参与人事先对自己的行动水平做出一个承诺，其后对手选择策略变量的水平，最后做出承诺的参与人遵守自己的承诺——选择事先宣布的水平，或以一定的成本偏离承诺。研究表明在参与人策略互补的情况下，参与人的这种部分承诺对自己是有益的，并将其称为 1.5 倍行动优势。

以上对内生时机下博弈均衡的研究都是针对于纯策略进行的，然而并不是所有的博弈都存在纯策略均衡。文献 [49] 以收益函数为出发点从理论的视角探寻了在行动承诺的内生时机机制下，一般的两人博弈中混合策略均衡的可行性，表明只有在博弈中没有任何一个参与人有先动激励的情况下，混合策略均衡才是可行的。

2. 不完全信息时内生时机下产量与价格竞争均衡的研究

信息对博弈中参与人的收益起至关重要的作用，参与人在同样的博弈中会由于所拥有的信息不同而处于完全不同的境地。在双寡头产量竞争博弈中，参与人在完全信息的情形下拥有先动优势[40]；而在同样的双寡头产量竞争博弈中，当双方都拥有对需求的私有信息且私有信息对称时，参与人却具有先动劣势，即尾随者期望收益高于领头者的期望收益[50]。同时信息在不同行动顺序的博弈中的价值也是不同的。当参与人具有关于需求的不完全信息时，信息在 Stackelberg 式的价格竞争中的价值高于同时行动的价格竞争中的价值[51]。产生这一结果的原因是在 Stackelberg 竞争模式中后行动者可以观测到先动者的行动，从而后动者可以从先动者的行动中推测一些信息，因而具有更多的信息，而这种信息对参与人具有正的效应。因此，由于不同信息状态下参与人具有不同的行动优势，不同行动模式下信息具有不同的价值，而且在序贯行动博弈中先动者的行动可能会传递自己的私有信息（信号传递可能发生），这 3 种因素相互作用使得不完全信息下的内生时机博弈不再如完全信息下容易分析。

研究表明，在不完全信息下的双寡头产量竞争中，当参与人中一方对市场需求具有完全信息而另一方具有不完全信息，且具有完全信息的一方可以选择在两个阶段中的任意一个阶段行动，而具有不完全信息的一方只能在第二阶段行动时，唯一稳定的均衡是以完全信息的参与人为领头者的序贯行动[52]。在这一模型中完全信息的参与人可以选择在两个阶段中的任意一个阶段行动，而不完全信息的参与人则外生给定在第二阶段行动，因此其实质是一种不完全的行动承诺内生时机。将上述不完全信息下产量竞争中的不完全内生时机推广到完全内生时机，即两个参与人都能自由选择在两个阶段中的任一阶段行动，结果表明除以完全信息的参与人为领头者的序贯均衡结果外，以不完全信息的参与人为领头者而完全信息的参与人为尾随者的序贯行动也是均衡行动结果[53]。然而在可观测延迟的内生行动机制下，上述不完全信息的产量竞争的均衡行动顺序却与行动承诺的内生行动机制下的均衡行动顺序完全不同，此时在需求参数的很大一个范围内均衡的行动顺序为参与人在第一阶段同时行动[54]。

3. 内生时机观点向多阶段产量与价格竞争的延伸

在上述两种内生时机机制下，参与人的行动是一次性的，即参与人只有一次关于行动水平的选择机会，这意味着上述内生时机假定生产或定价是瞬间的、一次性完成的。在现实中，企业的生产往往不是一蹴而就的，而是一个不断调整的过程，而进行价格竞争的企业也往往可以在多阶段内调整自己的价格，因此将上述内生时机下的产量或价格博弈延伸到允许参与人在每一阶段内都能选择策略变量水平的多阶段行动博弈更符合现实。Saloner 首先将这一观点用于双寡头的产量竞争中，研究了同质产品的两阶段产量竞争博弈，其中第一阶段两个企业同时选择一个生产产量，观测到第一阶段对手的产量后在第二阶段每个企业再追加一个产量（非负），第二阶段结束后市场出清，每个企业最后的总产量为两阶段产量之和。在此情形下，最后的均衡产量组合为无穷个点组成的集合，这些点位于两个 Stackelberg 均衡点（包括这两个 Stackelberg 均衡点）之间的两企业的反应曲线的外包络上（见图 1.2）[34]。这个结论说明在这种两阶段行动的内生行动规则下两种行动顺序的 Stackelberg 均衡和 Cournot 均衡都有可能出现，同时除了这 3 种行动顺序的均衡博弈还有很多其他的均衡。由于这种两阶段行动模型实质上是行动承诺的内生时机的一种延伸，而 Hamilton 和 Slutcky 的行动承诺的内生时机机制实质上是这种两阶段行动的一个特殊情形，因此在结论上 Saloner 均衡结果包含行动承诺的内生时机下的产量竞争博弈中的均衡结果（文献［39］表明在行动承诺的内生时机下一

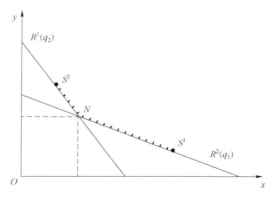

图 1.2 两阶段生产时博弈的均衡行动集[①]

般的产量竞争博弈的均衡结果是两种行动顺序的序贯行动和同时行动）。在上述两阶段行动的产量竞争博弈中若企业在两阶段的生产成本有差异，且若第二阶段的生产成本稍低于第一阶段的生产成本，则均衡集就是不连续的，最后的均衡总产量为领头者–尾随者时的产量结果[55]。同时，若上述两阶段行动的产量竞争博弈中两阶段生产成本相同，但对第二阶段的生产成本进行折现时也会产生序贯行动时的产量结果，即最后的均衡产量组合为 Stackelberg 均衡产量组合[56]。事实上，对第二阶段的生产成本进行折现也即是第二阶段的生产成本低于第一阶段的生产成本，这说明在两次行动机会下若第二阶段的生产成本低于第一阶段的生产成本，则只会出现两种序贯均衡结果。这与一次行动机会的行动承诺机制下的产量竞争博弈中的结论是一致的。在不完全信息的情形下，当参与人关于自己的生产成本具有私人信息时，上述两阶段生产模型也只会出现 Stackelberg 均衡产量结果[57]。上述结论都表明只要第二阶段的生产成本较低[②]，就只会出现 Stackelberg 均衡。

---

① S^1 与 S^2 分别表示以参与人 1 与 2 为领头者的 Stackelberg 点，而 N 为 Nash 均衡点，$R^1(\cdot)$ 与 $R^2(\cdot)$ 为两参与人的反应函数。

② 当第一阶段的生产成本为私有信息，而第二阶段的生产成本为公共信息时，也可理解为第二阶段的生产成本更低。

文献［58］运用 Saloner 的模型结构考察了不完全信息下双寡头的策略性投资博弈，表明若参与人的投资是策略替代的，则博弈只存在领头者-尾随者式的均衡，且领头者的期望支付高于尾随者，而若企业的策略为互补的，则博弈只存在同时行动均衡。事实上，当投资策略为替代（互补）时，这个投资博弈在本质上就是一个一般的两阶段产量（价格）竞争博弈。这一结论说明策略性质及信息结构对究竟出现 Cournot 均衡结果还是 Stackelberg 均衡结果都有影响，同时也解释了现实中为什么事前完全对称的企业最终是不对称的。在上述结论的基础上，文献［59］将以前的结论进一步完善，从更一般的效用函数出发刻画了具有这样两种特征的博弈的均衡集：在初始选择之后、支付发生之前，参与人有机会调整自己的选择；参与人只能增加自己的初始选择。从本质上说这个均衡集与 Saloner 给出的均衡集是一致的，只不过前者建立在更一般的支付函数的基础之上。同时文献［59］还将上述两阶段行动模型延伸到多阶段行动，表明此时并不会产生更多的均衡，相反其均衡结果包含于两阶段时的均衡结果中。另外，在参与人在第二阶段只能减少第一阶段的策略变量水平的两阶段博弈中[①]，如果需求与成本都为线性的，则唯一的均衡结果为同时行动时的均衡结果。事实上，参与人只能减少第一阶段的策略变量水平的情形对应的往往是现实中的价格竞争，如企业为了建立自己的信誉往往只会选择一个比初始承诺更低的价格，政治候选人为了维护自己的形象往往也只会选择一个比初始承诺更低的税率等。

上述内生时机下产量与价格竞争的基本理论及模型具有广阔的应用前景，将其应用于很多常见经济活动中能够解释传统理论无法解释的现象。将上述内

---

① 这种情况通常发生在价格竞争及政府关于税率承诺的博弈中，在价格竞争中企业在短期内一般只会降低自己的价格，而在政府关于税率的承诺中新政府为了维持自己的地位往往要选择不高于其在竞选时承诺的税率。

生时机的观点应用于通常的公共产品提供或慈善机构的募捐博弈中，很容易就能说明慈善机构为什么有时会及时宣布捐赠人的捐赠数量，而有时又会在所有捐赠结束后宣布所有捐赠量，事实上前者是慈善机构在选择序贯博弈，后者则是选择同时博弈，而选择不同的行动顺序是由其具体的目标决定的[60-62]。内生时机理论应用于政治候选人的寻租活动中，也容易解释为什么竞选中不同身份的竞选人偏好于不同的角色[63,64]。内生时机下的两次行动模型应用于策略性管理激励中表明，若企业经理的生产可由两个阶段来完成，且第二阶段的生产成本不大于第一阶段的生产成本，则存在这样的均衡：一个企业的所有者要求其经理最大化企业的利润，而另一个企业的所有者要求其经理最大化企业的销量，利润最大化的经理为产量上的 Stackelberg 领头者，从而获得的利润更多，销量最大化的经理为 Stackelberg 尾随者[65]。这一结论为现实中的序贯行动模式提供了合理的说明。

1.3.3　内生策略变量选择下产量与价格竞争的相关研究

在对传统模型的发展中，对 Cournot 模型中同时行动假设的合理性的质疑产生了上述内生时机的观点。同时，对 Cournot 模型中以产量作为参与人的策略变量的合理性的质疑使学者们纷纷从不同的角度对这两种竞争形式的相对效率进行比较研究，并最终产生了参与人的策略变量也应该由参与人自身确定的内生策略变量选择的观点。对两种竞争形式下效率的比较研究是内生策略变量观点产生的直接原因。下面分别对这两个方面的研究进展进行介绍。

1. Cournot 竞争还是 Bertrand 竞争——相对效率比较

Singh 和 Vives 是最早研究两种竞争形式相对效率的学者，他们在线性需求且两企业具有相同的边际成本时比较了差异替代品的双寡头 Bertrand 竞争与 Cournot 竞争的均衡价格、产量、消费者剩余及总剩余，表明在 Bertrand 竞争中均衡价格更低，产量、消费者剩余和社会总剩余更高，从而 Bertrand 竞争具有更高的效率[32]。在一般常见需求函数下这一结论也是成立的[33]。然而这一结论并不能完全延伸到同质产品的多寡头及互补产品的情形，在多寡头或互补产品的产量与价格竞争中，某些企业可能在价格竞争中获得更高的价格及利润，因而按照这种标准价格竞争不一定比产量竞争具有更高的效率[66]。尽管如此，即使是在多寡头竞争中从消费者剩余和社会福利来看，价格竞争却能带来更高的消费者剩余和社会总剩余[67]。这一结论从消费者剩余和总剩余两方面支持了价格竞争效率更高这一观点。另外，Singh 和 Vives 的结论在自由进入的市场及不完全信息的情形下也不一定是成立的。在自由进入的市场中，当产品的差异性足够大时，产量竞争可能带来更高的社会福利，同时在价格竞争中某些企业也可能具有更高的利润[68-69]；在不完全信息的同质产品多寡头博弈中，当成本为私有信息时，若企业的生产成本足够低，则 Bertrand 竞争的均衡价格、事前期望利润（社会总剩余）均会高于 Cournot 均衡时的相应量[70]。不同于以往的结论，这些结论都表明 Bertrand 竞争也可能同时带来较高的价格和利润。文献 [71] 将文献 [33] 中对于替代产品的比较推广到既可以包括替代品也可以包括互补品的混合产品的比较，表明虽然在均衡价格及产量的意义下价格竞争具有更高的效率，但价格竞争中市场的 Herfindahl 指标更高。Herfindahl 指标是每个企业市场份额的平方和，是反垄断者用来衡量市场集中程度的指标。Herfindahl 指标越高，表明市场越集中，这是反垄断者所不愿意看到的。这一结论表明价格竞争可能会导致更高的市场集中程度。无独有偶，寡头实验的数据及实验经济学中的统计方法也表明，在 Bertrand 竞争中企业默许串谋的可能性更大[72]。

以上对两种竞争形式的相对效率的比较都是在静态环境下进行的，即对传统的单阶段价格和产量竞争的比较。两种竞争形式的差异可能导致当产品市场的竞争（价格或产量）只是某一多阶段博弈的一部分，产品市场取不同竞争形式时，其他阶段的博弈呈现出完全不同的特征，即两种竞争形式也可能呈现完全不同的动态效率。

文献［73］比较了在企业先进行 R&D、后进行产品市场竞争的两阶段博弈中，在企业的生产 R&D（R&D 用来减少企业的生产成本）存在一定的外溢的情形下，当产品市场采取不同竞争形式时（分别为价格或产量竞争时）的动态效率，表明当产品市场竞争为差异产品的 Bertrand 竞争时均衡 R&D 支出及产品价格较低，而产量及消费者剩余则较高。就社会福利而言，如果 R&D 的生产力较高（R&D 效率比较高）、外溢比较强、产品足够替代（差异参数比较大），则 Bertrand 竞争产生的社会福利比较低。在文献［73］的两阶段博弈中企业的 R&D 活动是为了减少企业的生产成本，即为生产 R&D。在文献［73］的框架下若企业的 R&D 是用来提高产品的质量（产品 R&D）时，与产品市场为 Cournot 竞争相比，当产品市场为 Bertrand 竞争时，若企业的 R&D 外溢较弱，则均衡的 R&D 支出、产品价格、企业的净利润都较低，而消费者剩余较高；若 R&D 外溢比较强、产品的替代性比较强，则 Bertrand 竞争会带来较低的产出和社会福利。上述两个结论表明，不同于一般静态环境下的结论，在动态环境下，就社会福利而言 Bertrand 竞争不一定比 Cournot 竞争具有更高的效率[74]。同时在文献［73］的框架下，若企业的 R&D 是用来增加产品的差异程度而不是减少生产成本或提高产品质量，当产品市场为 Cournot 竞争时均衡的 R&D 支出水平较小，即产量竞争不利于诱导高的 R&D 水平，这与 R&D 是用来减少生产成本及促进需求时的结论都相反[75]。另外，在既包含劳动力市场竞争又包含产品市场竞争的两阶段动态博弈中，均衡的工资水平、企业利润及社会福利等不仅与产品市场的竞争形式有关，还与工会的效用偏好及讨价还价能力有关[76]。

上述无论是静态环境下还是动态环境下，对两种不同竞争形式的效率比较并没有得出一致的结论。在静态环境下竞争形式的效率主要决定于评价的指标及信息的程度等；在动态环境下不同竞争形式的效率除了受指标及信息的影响外，还受其他具体动态环境的影响，因而是一个复杂的问题。

2. Cournot 竞争还是 Bertrand 竞争——内生选择

由于在不同的环境下产量与价格竞争具有不同的均衡结果，而且在不同的环境下参与人的目标不同，因此近年来学者们提出博弈中参与人的策略变量类型也应该由参与人内生决定的观点，即在具体环境下究竟会出现哪种竞争形式也应该由参与人根据自己的目标决定。参与人的策略变量类型应该由参与人内生决定的这一观点首先来自 Singh 和 Vives，他们给出的参与人内生决定策略变量类型的规则类似于可观测延迟的内生时机，即在产品市场竞争之前参与人先同时选择自己的策略变量类型（在基本博弈中是选择产量竞争还是价格竞争），当这个选择被所有参与人观测到后参与人再同时选择对应的策略变量的水平[32]。类似于可观测延迟的内生时机，在参与人内生选择策略变量时任一博弈被扩展为两个大的阶段：第一阶段参与人同时选择策略变量的类型；第二阶段观测到对手的选择后选择对应策略变量的水平。给定第二阶段的支付由其均衡支付代替，参与人在第一阶段的博弈也可简化为如图 1.3 所示的 2×2 博弈。

| | | 参与人2 | |
	价格		产量
价格	Π_1^B, Π_2^B		Π_1^C, Π_2^C
参与人1 产量	Π_1^Q, Π_2^P		Π_1^C, Π_2^C

图 1.3　内生策略变量选择下扩展阶段的 2×2 博弈

其中，Π_i^C（Π_i^B）表示企业 i 的 Cournot（Bertrand）均衡支付，而 Π_i^Q（Π_i^P）表示企业 i 在第一阶段选择产量竞争而对手选择价格竞争时，对应的第二阶段的均衡支付。Singh 和 Vives 的研究表明，当产品为差异替代品时，在常见需求及成本函数下，在第一阶段选择产量为每个企业的占优策略，因而均衡的内生策略变量类型为两个企业都选产量；当产品为差异互补品时，在第一阶段选择价格为每个企业的占优策略，因而均衡的内生策略变量类型为两个企业都选择价格。在以上内生策略变量选择机制下，一般成本及对称需求函数下的差异产品的多寡头博弈中，若 Bertrand 竞争中反应函数的斜率是向上的，则 Bertrand 竞争不能构成内生策略变量选择下的两阶段博弈的子博弈精炼均衡[77]；若 Cournot 反应函数的斜率是向下的，则 Cournot 竞争是以上两阶段博弈的子博弈精炼均衡[78]。由于在一般常见需求及成本函数下 Cournot 反应函数的斜率都是向下的，包括线性需求，因而这一多寡头时的结论与 Singh 和 Vives 双寡头时的结论是一致的，都表明 Cournot 均衡能够成为以上内生策略变量选择下的两阶段模型的均衡结果。不仅如此，在一部分企业选择价格策略而另一部分企业选择产量策略的多寡头模型中，在重复最优反应下，最终均衡结果收敛到 Cournot 均衡[79]。另外，在 Bertrand－Edgeworth 多寡头博弈中，若企业按照上述机制内生选择策略变量类型①，则当企业的生产能力不足时，每种策略变量类型组合都可能作为均衡结果出现；而当企业的生产能力充分时，唯一的均衡结果是 Cournot 均衡。这些结论进一步表明，在一般情形下策略变量的内生选择会产生 Cournot 均衡结果[80]。

不同于以上两阶段模型，Klemperer 和 Meyer 研究了双寡头在单阶段内同时选择策略变量类型及水平的博弈，其中需求函数也为线性的，但此时边际成

---

① 即企业先同时选择策略变量类型，再同时确定策略变量的水平，但企业在决策时面临有限的生产能力的限制。

本不再为常数而是线性的，表明若市场需求确定时，由于参与人在单阶段内同时行动，一旦对方的选择确定，自己选择产量及与之对应的价格时收益相等，因此此时博弈存在 4 个均衡，参与人在其中每两个均衡之间是无差异的，这 4 个均衡所对应的策略变量的类型分别为（价格，价格）、（产量，产量）、（价格，产量）、（产量，价格）①。同时当需求的截距面临不确定性时，若边际成本的斜率是向上的，则唯一的 Nash 均衡所确定的策略变量的类型为（产量，产量），即两个参与人都选择产量竞争，而若边际成本的斜率是向下的，则唯一的 Nash 均衡所确定的策略变量的类型为（价格，价格）；当边际成本的斜率为常数时，4 种类型的均衡均有可能。这一结论表明在这种单阶段模型中，当需求的截距面临不确定性时，边际成本的斜率对策略变量的类型起决定性作用。另外，当需求的斜率面临不确定性且边际成本的斜率足够小时，唯一的 Nash 均衡所决定的策略变量的类型为（价格，价格）[81]。按照 Hamilton 和 Slutsky 的内生时机的观点，Klemperer 和 Meyer 的内生策略变量选择规则也就是行动承诺的规则。

将以上行动承诺的内生策略变量规则应用于管理激励契约中，表明对经理的补偿契约会影响所有者对策略变量类型的选择[82]。类似于对不同动态环境下两种竞争形式效率的比较研究，在动态环境下内生策略变量的选择也会因为具体环境不同而产生不同的结果。上述内生选择策略变量的观点实质上是内生时机观点的一个应用。

以上综述表明，无论是对内生时机下还是内生策略变量选择下产量与价格竞争的研究都有待进一步深入。首先，既然内生时机的观点更符合现实，那么对传统的外生时机下两种竞争形式的相对效率的比较研究推广到内生时机下必然会更有意义。其次，既然外生选择行动顺序或策略变量类型都是不合理的，

---

① 括号中第一个元素表示参与人 1 的选择，第二个元素表示参与人 2 的选择。

那么内生时机及内生策略变量选择的双重内生选择下博弈均衡的研究必然是一个值得研究的领域。最后，已有研究表明内生时机或内生策略变量选择在不同的动态环境下会得到不同的结果[1]，且得到的结果与外生时机或外生策略变量选择下的结果完全不同。对内生时机或内生策略变量下多阶段动态博弈的已有研究主要集中在对内生时机下公共产品的提供方面及对内生策略变量选择下的策略性外贸政策方面[62,83-87]等。内生时机或内生策略变量在多阶段博弈中的应用是一个异常丰富的领域，对它的研究能够更好地指导人们的经济行为，因而继续推进上述内生选择在具体动态环境中的应用是一个有待进一步研究的重要领域。最后，目前对内生时机下博弈均衡的研究主要集中在完全信息博弈中，对不完全信息博弈在内生时机下均衡的研究尚待进一步深入。

1.4　本书的主要研究内容及结构安排

1.4.1　本书的主要研究内容

在上述已有研究的基础之上，本书针对已有研究存在的不足对内生时机下的产量与价格竞争进行了研究；在一定的准则下比较了内生时机下产量与价格两种竞争形式的均衡；探讨了一般效用函数下可观测延迟的内生时机下出现不同行动顺序均衡的本质条件；研究了线性需求系统下当参与人在内生时机和内生策略变量选择的双重内生选择下博弈的均衡；研究了当产品市场分别为 Bertrand 竞争和 Cournot 竞争时企业先进行 R&D、后进行产品市场竞争的多阶

---

① 在以后的研究中有时将内生时机与内生策略变量的选择统称为内生选择。

段博弈在内生的 R&D 顺序下的均衡行动顺序，并将产品市场为不同竞争形式时的均衡进行了比较；研究了不完全信息时内生时机下的价格竞争中的均衡行动顺序。全书的主要研究内容如下。

第一，在以下 3 种主要准则下——净价格产出比、平均产出、平均价格，将内生时机下产量与价格竞争的均衡进行比较。

第二，以一般效用函数为出发点，探讨内生时机下出现不同行动顺序的均衡结果的本质条件，这些条件只依赖于参与人的支付函数及反应对应的增减性。

第三，探讨线性需求及成本条件下参与人在内生时机及内生策略变量选择的双重内生选择下的均衡结果。

第四，将内生时机的观点应用于同时包含 R&D 及产品市场竞争的多阶段博弈中，研究了内生的 R&D 顺序下企业先进行 R&D、后在产品市场上竞争的多阶段博弈中当产品市场竞争分别为 Bertrand 竞争和 Cournot 竞争时的均衡 R&D 顺序，并将产品市场为两种不同竞争形式时的情形进行了比较。

第五，研究内生时机下不完全信息的价格竞争中的均衡行动顺序，探讨双寡头价格博弈中当其中一方对需求的截距具有不完全信息时的均衡，并将其与完全信息时的均衡进行了比较。

1.4.2 本书的结构安排

全书共 7 章，第 1 章为全书的绪论，介绍研究的背景、目的和意义并对相关文献进行了综述。

第 2 章，在一定的准则下比较了内生时机下产量与价格两种竞争形式的均衡。

第 3 章，在一般的框架下探讨了内生时机下出现不同均衡行动顺序的本质条件。

第 4 章，研究了线性需求及成本条件下参与人在内生时机及内生策略变量选择的双重内生选择下的均衡结果。

第 5 章，将内生时机观点应用于同时存在 R&D 和产品市场竞争的多阶段博弈中，研究了内生的 R&D 顺序下企业先进行 R&D 后在产品市场上竞争的多阶段博弈中产品市场竞争分别为 Bertrand 竞争和 Cournot 竞争时的均衡，并将产品市场为两种不同竞争形式时的情形进行了比较。

第 6 章，研究了内生时机下不完全信息的价格竞争中的均衡行动顺序。

第 7 章，全书总结与展望。在对全书研究内容进行总结的基础上，提出了有待进一步研究的方向。

第 2 章　内生时机下产量与价格竞争的比较

本章主要在不同标准下比较内生时机下的产量与价格竞争，共 4 节：2.1 节提出问题；2.2 节介绍 3 种比较标准，即净价格产出比、平均产出和平均价格；2.3 节在 3 种比较标准下，比较内生时机下的 Bertrand 均衡和 Cournot 均衡；2.4 节给出小结。

2.1　问　题　提　出

自 Bertrand 质疑 Cournot 模型将产量作为参与人策略变量的合理性并提出著名的 Bertrand 模型后，对这两个基本模型的比较研究方兴未艾。学者们纷纷从不同的方面对这两个基本模型进行比较研究，比较研究的角度大致可归纳为以下两个方面。第一个方面是比较在一般的静态环境下两种竞争形式的效率。这一方面主要集中于比较研究一般传统模型中两种竞争形式（Bertrand 竞争和 Cournot 竞争）下的均衡价格、产量、企业利润及社会福利等[32-33,86]。主要研究结果表明，在大多数替代产品的情况下，Bertrand 竞争比 Cournot 竞争具有更高的效率，而且在替代产品和互补产品并存时在其他一些准则下，Bertrand 竞争也比 Cournot 竞争更具竞争力[69]。遗憾的是，这一基本结论在互补产品、多寡头竞争及不完全信息博弈中并不是完全成立的[66-67,69-70]。第二个方面侧重于比较两种不同竞争形式在其他环境下的效率，尤其是在动态环境下的效率。这时博弈模型既包括产品市场上的竞争也包括其他方面的竞争，如 R&D 方面的竞争、劳动力市场上的竞争和不同外贸政策的影响等[73-75,88-89]。这类模型考察的重点是产品市场上不同竞争形式对其他阶段博弈的影响。由于其他阶段的博弈变化较多，这一类博弈对于两种竞争形式的相对效率也并没有得到统一的结论。

以上两方面的研究表明，无论是从静态还是从动态比较 Bertrand 竞争和 Cournot 竞争的相对效率都没有得到一致的结论。虽然在一般静态环境下 Bertrand 竞争能够带来较低价格、较高产量、较高社会剩余从而对消费者更有利，但在某些情况下，尤其是在动态环境下，为了达到计划者的特定目标，Cournot 竞争可能更受青睐。

内生时机观点表明博弈中参与人的行动顺序应该由参与人自己内生决定，而不应该由外生给定，这一观点由于更符合参与人的理性而受到广泛重视。学者们纷纷研究内生时机下两种不同竞争形式的均衡，研究表明在内生时机下，尤其是在可观测延迟的内生时机下，产量竞争和价格竞争中的均衡行动顺序存在本质上的差异[38-40,43-44]。

既然内生时机的观点更符合实际，且内生时机下两种不同竞争形式会导致完全不同的均衡结果，那么外生时机下对两种不同竞争形式比较研究的结论在内生时机下是否仍然成立的问题便油然而生。本章在上述关于两种不同竞争形式在外生时机下的比较研究及内生时机下均衡行动顺序的研究的基础上，对在可观测延迟的内生时机下两种不同竞争形式的均衡进行了比较研究。

2.2 比较标准说明

为了使讨论更具有一般性，在本章的讨论中假设两个企业的产品是有差异的，且企业的边际成本是不同的（企业为非对称的）。同时由于内生时机下企业在价格竞争中的均衡行动顺序为序贯行动，而在产量竞争中的均衡行动顺序为同时行动（后面的讨论中将会推导此结论），因此与在传统模型中一样，直接比较企业的均衡产出、价格、利润、社会福利等是无法得出具体结果且没有实际意义的。本章将在净价格产出比、加权平均产出和加权平均价格下比较内生时机下产量和价格竞争的均衡。

净价格产出比是指企业的均衡价格与边际成本之差与企业的均衡产量之比。它将产出和价格两种因素融合在一起，是同时用价格和产量两种因素反映企业整体竞争力的重要标准。在均衡处净价格产出比较高的企业不可能同时拥有较低的价格和较高的产出，因而从这一指标来看净价格产出比高的企业不具备竞争优势。

由于企业生产的产品是有差异的，且成本是非对称的，从而每个企业的生产效率是不同的，所以直接的平均价格和产出比较是没有意义的。本章分别用加权平均价格和加权平均产出作为衡量两个企业总体竞争力的标准。

对于平均产出比较适用的是以企业的初始净价格作为权重，即市场的产量为零时企业的价格与成本之差；而对于平均价格比较适用的是以各企业的初始需求作为权重，即每个企业的价格都等于边际成本时的企业需求（这一需求也即社会最优的产出水平）。之所以采用上述两种权重是因为在上述两种权重下加权平均价格和加权平均产出都是以货币单位度量的，独立于企业的产出单位，这使非对称成本下两种不同竞争形式的效率的比较变得有意义。在这两种标准下，企业加权平均产出越高的竞争形式竞争力越强，而企业加权平均价格越低的竞争形式竞争力越强。

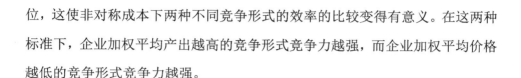

2.3　内生时机下 Cournot 均衡和 Bertrand 均衡的比较

首先，介绍可观测延迟的内生时机下 Cournot 竞争和 Bertrand 竞争中的均衡，为此先介绍可观测延迟的内生时机[8]。可观测延迟的内生时机规定在基本博弈（参与人对各自策略变量水平的选择）之前参与人先就基本博弈中的行动顺序进行博弈[1]——同时选择在基本博弈中的行动阶段。参与人同时选择行动顺序的这个阶段称为基本博弈的扩展阶段。在扩展阶段，如果两个参与人都选择在基本博弈中先动（或后动），则基本博弈中的行动顺序为两个参与人同时行动；如果两个参与人分别选择在基本博弈中先动和后动，则基本博弈中的行动顺序为序贯行动，且行动顺序按参与人在扩展阶段中所选择的行动顺序进行。按这种内生时机机制，任何一个基本博弈都可扩展为两个大的阶段：参与人关于行动顺序选择的扩展阶段和基本博弈阶段。在基本博弈之前，参与人在扩展阶段中的选择被所有参与人观测到，且若在扩展阶段参与人选择在基本博弈中进行序贯行动，则在基本博弈中后行动者可观测到先行动者的行动。因此，整个扩展的博弈为一个完全信息的动态博弈，其均衡概念为子博弈精炼 Nash

---

① 在内生时机下，任何一个两人博弈的基本博弈实质上包含 3 个博弈：一个同时行动博弈和两个序贯行动博弈，如在价格竞争中基本博弈实质上表示同时行动的价格竞争和分别以两个参与人为领头者的序贯博弈。

均衡。本章只考虑纯策略均衡，而不考虑混合策略均衡。整个博弈的任何一个子博弈精炼 Nash 都对应着基本博弈中的一个行动顺序，该行动顺序即为内生行动机制下博弈的均衡行动顺序。

若以 X 等于 B 和 C 分别代表参与人之间进行价格和产量竞争（Bertrand 竞争和 Cournot 竞争）[①]，当参与人之间的策略变量类型为 X 时，记同时行动的基本博弈中参与人 i 的均衡支付（Nash 均衡）为 Π_i^X，而序贯行动的基本博弈中参与人 i 作为领头者和尾随者时的均衡支付（子博弈精炼均衡）分别为 Π_i^{XL} 和 Π_i^{XF}。若参与人在同时行动的产量竞争中的均衡支付为 Π_i^C，而在序贯行动的产量竞争中作为领头者和尾随者时的均衡支付分别为 Π_i^{CL} 与 Π_i^{CF}。由于整个包含内生时机的扩展的博弈为完全信息的动态博弈，采用逆向归纳法，给定参与人在基本博弈中的支付由其均衡支付代替，参与人在扩展阶段关于行动顺序的选择可简化为如图 2.1 所示的 2×2 博弈。

		E　　　　　参与人2　　　　　L	
参与人1	E	Π_1^X, Π_2^X	Π_1^{XL}, Π_2^{XF}
	L	Π_1^{XF}, Π_2^{XL}	Π_1^X, Π_2^X

图 2.1　参与人关于行动顺序选择的博弈

其中，E 表示在基本博弈中先动，而 L 表示在基本博弈中后动。

为具体分析两种不同竞争形式中的内生均衡行动顺序，本章假定市场需求取以下线性需求形式：

$$D_i(p_1, p_2) = a - p_i + bp_j \tag{2.1}$$

其中，$i, j = 1, 2$；a 为初始需求；b 为产品的差异参数，$0 < b < 1$，即产品为替

---

① 在内生时机下 Bertrand 竞争(或 Cournot 竞争)并不仅仅表示传统的同时行动的价格(或产量)竞争，在行动顺序明确或特别说明的情况下也可表示序贯行动的价格(或产量)竞争。

代品。假设两企业的边际成本分别为 c_1 和 c_2，其中 $c_1 > c_2$。

另外，为了保证所有基本博弈中解的内点性，以下关于初始需求 a 的假设是必要的，它要求初始需求足够高。

假设：$a \geqslant \max\left\{\dfrac{c_1(2-b^2)-bc_2}{2+b}, 2c_1(1-b)\right\}$

有了上述关于内生时机的基本介绍及假设，下面分别考察 Bertrand 竞争和 Cournot 竞争在内生时机下的均衡结果。

2.3.1　内生时机下 Bertrand 竞争的均衡

给定市场需求系统由式（2.1）给出，企业 i 在价格竞争中的利润函数为

$$\Pi_i = (p_i - c_i)(a - p_i + bp_j) \tag{2.2}$$

因此，企业 i 的反应函数为

$$r_i(p_j) = \frac{a + bp_j + c_i}{2}$$

所以企业 i 在序贯博弈中的目标函数为

$$\Pi_i = (p_i - c_i)\left(a - p_i + b\frac{a + bp_i + c_j}{2}\right)$$

由此容易得出各企业在同时行动及序贯行动中的均衡价格及收益分别为

$$\begin{cases} p_i^{\mathrm{B}} = \dfrac{a(2+b)+2c_i+bc_j}{4-b^2} \\[3mm] \Pi_i^{\mathrm{B}} = \left[\dfrac{a(2+b)-(2-b^2)c_i+bc_j}{4-b^2}\right]^2 \end{cases} \tag{2.3}$$

$$\begin{cases} p_i^{\mathrm{BL}} = \dfrac{a(2+b) + (2-b^2)c_i + bc_j}{2(2-b^2)} \\[3mm] \varPi_i^{\mathrm{BL}} = \dfrac{[a(2+b) - (2-b^2)c_i + bc_j]^2}{8(2-b^2)} \end{cases} \tag{2.4}$$

$$\begin{cases} p_j^{\mathrm{BF}} = \dfrac{a(4+2b-b^2) + b(2-b^2)c_i + (4-b^2)c_j}{4(2-b^2)} \\[3mm] \varPi_j^{\mathrm{BF}} = \dfrac{[a(4+2b-b^2) + b(2-b^2)c_i + (3b^2-4)c_j]^2}{16(2-b^2)^2} \end{cases} \tag{2.5}$$

其中，$i, j = 1, 2$。

有了这些均衡支付，关于上述可观测延迟的内生时机下价格竞争中的均衡行动顺序有以下结论。

引理 2.1[44]   在给定的需求、成本函数及假设下，价格竞争在可观测延迟的内生时机下的均衡行动结果为分别以两个参与人为领头者的序贯行动，即两个参与人在扩展阶段关于行动顺序的选择分别为 (E,L) 及 (L,E)，对应的两个参与人在两种均衡行动顺序的博弈中的均衡支付分别为 $(\varPi_1^{\mathrm{BL}}, \varPi_2^{\mathrm{BF}})$ 及 $(\varPi_1^{\mathrm{BF}}, \varPi_2^{\mathrm{BL}})$。

由式（2.3）～式（2.5），容易得到参与人在不同行动顺序博弈中的均衡支付满足以下关系

$$\begin{cases} \varPi_i^{\mathrm{BL}} \geqslant \varPi_i^{\mathrm{B}} \\[2mm] \varPi_i^{\mathrm{BF}} \geqslant \varPi_i^{\mathrm{B}} \end{cases}$$

因此，上述引理是显然的。

上述结论表明，在可观测延迟的内生时机下价格竞争中的均衡行动顺序为两种行动顺序的序贯行动。同时文献［44］还指出，当风险占优准则应用于参与人第一阶段关于时机的选择时，均衡结果 (L,E) 风险占优于 (E,L)，但两个均衡结果之间是不可 Pareto 排序的。

下面给出 Cournot 竞争在上述内生时机下的均衡。

2.3.2　内生时机下 Cournot 竞争的均衡

由式（2.1）知企业 i 面临的逆需求函数为

$$p_i = \frac{a(1+b) - q_i - bq_j}{1-b^2} \tag{2.6}$$

因此企业 i 在产量竞争下的利润函数为

$$\Pi_i = \left[\frac{a(1+b) - q_i - bq_j}{1-b^2} - c_i \right] q_i \tag{2.7}$$

所以类似于价格竞争，各企业在不同行动顺序的产量竞争中的均衡产量及支付函数如下：

$$\begin{cases} q_i^{\mathrm{C}} = \dfrac{a(1+b)(2-b) - 2(1-b^2)c_i + b(1-b^2)c_j}{4-b^2} \\[4mm] \Pi_i^{\mathrm{C}} = \dfrac{1}{1-b^2} \left[\dfrac{a(1+b)(2-b) - 2(1-b^2)c_i + b(1-b^2)c_j}{4-b^2} \right]^2 \end{cases} \tag{2.8}$$

$$\begin{cases} q_i^{\mathrm{CL}} = \dfrac{a(1+b)(2-b) - 2(1-b^2)c_i + b(1-b^2)c_j}{2(2-b^2)} \\[4mm] \Pi_i^{\mathrm{CL}} = \dfrac{\left[a(1+b)(2-b) - 2(1-b^2)c_i + b(1-b^2)c_j \right]^2}{8(1-b^2)(2-b^2)} \end{cases} \tag{2.9}$$

$$\begin{cases} q_j^{\mathrm{CF}} = \dfrac{a(1+b)(4-2b-b^2) + 2b(1-b^2)c_i - (4-b^2)(1-b^2)c_j}{4(2-b^2)} \\[4mm] \Pi_j^{\mathrm{CF}} = \dfrac{1}{1-b^2} \left[\dfrac{a(1+b)(4-2b-b^2) + 2b(1-b^2)c_i - (4-b^2)(1-b^2)c_j}{4(2-b^2)} \right]^2 \end{cases} \tag{2.10}$$

有了上述均衡支付，以下关于内生时机下上述产量竞争中的均衡行动顺序的引理是显然的。

引理 2.2 在给定的需求、成本函数及假设下，产量竞争在可观测延迟的内生时机下的均衡行动结果为同时行动，即两个参与人在扩展阶段关于行动顺序的选择为 (E,E)，对应的两个参与人的均衡支付分别为 $(\varPi_1^{\mathrm{C}}, \varPi_2^{\mathrm{C}})$。

由式（2.8）～式（2.10），容易得到产量竞争中参与人在不同行动顺序下的均衡支付满足以下关系

$$\begin{cases} \varPi_i^{\mathrm{CL}} \geqslant \varPi_i^{\mathrm{C}} \\ \varPi_i^{\mathrm{CF}} \leqslant \varPi_i^{\mathrm{C}} \end{cases}$$

从而上述引理 2.2 也是显然的。

上述关于内生时机下参与人在两种不同竞争形式下的均衡行动顺序的结论是直观的。在价格竞争中参与人具有后动优势，即尾随者的利润大于领头者的利润，因而每个参与人都愿意做尾随者而不愿意做领头者。但领头者的支付却高于同时行动时的支付，因此与做领头者相比他们更不愿意同时行动。所以内生时机下最终两种序贯行动都有可能，但同时行动却不可能成为均衡行动顺序，事实上同时行动是一个两败俱伤的博弈结果。然而在产量竞争中参与人具有先动优势，即参与人作为领头者时的支付高于其作为尾随者时的支付，不仅如此参与人在同时行动时的均衡支付也高于作为尾随者时的支付，因此这使得参与人都抢先行动而最终导致同时行动也没有人愿意当尾随者。

内生时机下两种不同竞争形式下的均衡行动顺序完全不同，下面在不同的准则下对两种不同竞争形式下的均衡进行比较。

2.3.3 内生时机下两种不同竞争形式均衡的比较

下面将在以下 3 种不同的标准下对内生时机下两种不同的竞争形式进行

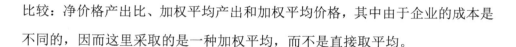

比较：净价格产出比、加权平均产出和加权平均价格，其中由于企业的成本是不同的，因而这里采取的是一种加权平均，而不是直接取平均。

1. 净价格产出比

由于内生时机下企业在价格竞争中的均衡行动顺序为序贯行动，而在产量竞争中的行动顺序为同时行动，并且两企业的边际成本是不同的，即企业为非对称的，因此直接比较企业的均衡产出、价格和利润是无法得出具体结果且没有意义的。净价格产出比将产出和价格两种因素融合在一起，是同时用价格和产量反映企业整体竞争力的重要标准。关于两种竞争形式下的均衡净价格产出比有以下结论。

命题 2.1　企业 i（$i=1,2$）在每个内生行动顺序的价格竞争均衡中的净价格产出比均低于其在内生行动顺序的产量竞争均衡中的相应值。

证明：上述结论表明企业 i（$i=1,2$）在价格竞争均衡 (E,L) 及 (L,E) 中的均衡净价格产出比均低于其在产量竞争均衡 (E,E) 中的值。用式（2.3）～式（2.5）及式（2.8）～式（2.10）中的符号，上述结论即为要证下述关系成立：

$$\begin{cases} \dfrac{p_1^{BF}-c_1}{q_1^{BF}} < \dfrac{p_1^{C}-c_1}{q_1^{C}} \\[3mm] \dfrac{p_2^{BL}-c_2}{q_2^{BL}} < \dfrac{p_2^{C}-c_2}{q_2^{C}} \end{cases} \tag{2.11}$$

$$\begin{cases} \dfrac{p_1^{BL}-c_1}{q_1^{BL}} < \dfrac{p_1^{C}-c_1}{q_1^{C}} \\[3mm] \dfrac{p_2^{BF}-c_2}{q_2^{BF}} < \dfrac{p_2^{C}-c_2}{q_2^{C}} \end{cases} \tag{2.12}$$

注意到由式（2.1）及式（2.5），容易得到下述价格竞争中的均衡产量：

$$q_j^{BF} = \frac{a(4+2b-b^2) - (4-3b^2)c_j + b(2-b^2)c_i}{4(2-b^2)}$$ （2.13）

$$q_i^{BL} = \frac{a(2+b) - (2-b^2)c_i + bc_j}{4}$$ （2.14）

同时产量竞争中的均衡价格为

$$p_i^{C} = \frac{a(2-b) + (2-b^2)(1-b)c_i + b(1-b)c_j}{(4-b^2)(1-b)}$$ （2.15）

显然由式（2.13）及式（2.5）有

$$\Pi_j^{BF} = \frac{[a(4+2b-b^2) + b(2-b^2)c_i + (3b^2-4)c_j]^2}{16(2-b^2)^2} = (q_j^{BF})^2$$

另外，由式（2.2）有

$$\Pi_j^{BF} = (p_j^{BF} - c_j)q_j^{BF}$$

所以

$$\frac{p_j^{BF} - c_j}{q_j^{BF}} = 1$$

同理可证

$$\begin{cases} \dfrac{p_i^{BL} - c_i}{q_i^{BL}} = \dfrac{2}{2-b^2} \\ \dfrac{p_i^{C} - c_i}{q_i^{C}} = \dfrac{1}{1-b^2} \end{cases}$$

又由于对任意的 $0 < b < 1$，有

$$1 < \frac{2}{2-b^2} < \frac{1}{1-b^2}$$

所以不等式（2.11）及式（2.12）成立。

上述结论表明，对任意的企业 i，若 $p_i^{C} \leqslant p_i^{BF}$（或 $p_i^{C} \leqslant p_i^{BL}$），则 $q_i^{C} \leqslant q_i^{BF}$

（$q_i^C \leqslant q_i^{BL}$）。这实质上意味着与内生行动顺序的价格竞争相比，在内生行动顺序的产量竞争均衡中企业不可能同时拥有较低的价格和较高的产出，即如果企业在价格竞争中的均衡价格较高，则其产量一定也高。它表明在内生时机下即使价格竞争与产量竞争的均衡竞争模式不同，因而直接的价格或产量比较是没有意义的，但从价格和产量两方面来看，价格竞争的效率至少不比产量竞争低。

以上的均衡净价格产出比只是针对单个企业而言的，下面的两个标准——加权平均产出和加权平均价格是针对整个市场而言的。

2. 加权平均产出

正如上所述，由于企业生产的产品是有差异的，且成本是非对称的，从而每个企业的生产效率是不同的，所以直接的平均价格及产出比较是没有意义的。这里分别用加权平均价格和加权平均产出作为衡量两个企业总体竞争力的标准。这里对平均产出比较适用的是以企业的初始净价格作为权重，即市场的产量为零时企业的价格与成本之差，而对平均价格比较适用的是以各企业的初始需求作为权重，即每个企业的价格都等于边际成本时企业的需求（这一需求也即社会最优的产出水平）。之所以采用上述两种权重是因为在上述两种权重下加权平均价格和加权平均产出都是以货币单位度量的，独立于企业的产出单位，这使非对称成本下两种不同竞争形式的效率的比较变得有意义。

由式（2.6）可得，当 $q_i = 0$（$i = 1,2$）时，企业 i 的价格为 $p_i^0 = a / (1-b)$，因此对平均产出进行比较时的权重为 $p_i^0 - c_i = a / (1-b) - c_i$。在以上权重下两个序贯的 Bertrand 竞争中的加权平均产量分别为

$$\begin{cases} Q^{B}_{(L,E)} = \left(\dfrac{a}{1-b} - c_1 \right) q_1^{BF} + \left(\dfrac{a}{1-b} - c_2 \right) q_2^{BL} \\ Q^{B}_{(E,L)} = \left(\dfrac{a}{1-b} - c_1 \right) q_1^{BL} + \left(\dfrac{a}{1-b} - c_2 \right) q_2^{BF} \end{cases} \tag{2.16}$$

而同时行动的 Cournot 竞争中的加权平均产出为

$$Q^{C}_{(E,E)} = \left(\frac{a}{1-b} - c_1 \right) q_1^{C} + \left(\frac{a}{1-b} - c_2 \right) q_2^{C} \tag{2.17}$$

关于这些加权平均产出下述结论成立。

命题 2.2 两个序贯行动的 Bertrand 竞争均衡中的加权平均产出都要高于同时行动的 Cournot 竞争均衡中的加权平均产出。

证明： 由式（2.16）及式（2.17），即要证

$$\begin{cases} Q^{B}_{(L,E)} \geqslant Q^{C}_{(E,E)} \\ Q^{B}_{(E,L)} \geqslant Q^{C}_{(E,E)} \end{cases} \tag{2.18}$$

注意到由式（2.13）、式（2.14）及式（2.17）有

$$Q^{B}_{(L,E)} = \frac{a(4+2b-b^2)\left(\dfrac{a}{1-b} - 2c_1 \right) + a(2+b)(2-b^2)\left(\dfrac{a}{1-b} - 2c_2 \right)}{4(2-b^2)} +$$
$$\frac{(4-3b^2)c_1^{\,2} - 2b(2-b^2)c_1c_2 + (2-b^2)^2 c_2^{\,2}}{4(2-b^2)} \tag{2.19}$$

同时由式（2.15）及式（2.17）有

$$Q^{C}_{(E,E)} = \frac{a(1+b)\left(\dfrac{2a}{1-b} - 2c_1 - 2c_2 \right)}{2+b} + 2(1+b)(1-b)\frac{c_1^{\,2} - bc_1c_2 + c_2^{\,2}}{4-b^2} \tag{2.20}$$

又由于

$$\frac{1+b}{2+b} < \frac{4+2b-b^2}{4(2-b^2)} \quad \text{及} \quad \frac{1+b}{2+b} < \frac{2+b}{4}$$

因此在假设 2 下以下关系成立

$$\frac{a(4+2b-b^2)\left(\dfrac{a}{1-b}-2c_1\right)+a(2+b)(2-b^2)\left(\dfrac{a}{1-b}-2c_2\right)}{4(2-b^2)}>\frac{a(1+b)\left(\dfrac{2a}{1-b}-2c_1-2c_2\right)}{2+b}$$

$$(2.21)$$

进一步，由于

$$\frac{(4-3b^2)c_1{}^2-2b(2-b^2)c_1c_2+(2-b^2)^2c_2{}^2}{4(2-b^2)}-2(1+b)(1-b)\frac{c_1{}^2-bc_1c_2+c_2{}^2}{4-b^2}$$

$$=\frac{(8-5b^2)c_1{}^2-6b(2-b^2)c_1c_2+(2+b^2)(2-b^2)c_2{}^2}{4(2-b^2)(4-b^2)}\qquad(2.22)$$

式（2.22）等号右端的分子可以看成是一个关于 c_1 的二次函数，而对于任意的 $0<b<1$，由于 $8-5b^2>0$，因此式（2.22）等号右端的分子作为一个二次函数的判别式为

$$\Delta=36b^2(2-b^2)^2c_2{}^2-4(8-5b^2)(2+b^2)(2-b^2)c_2{}^2$$

$$=-16(1-b^2)(2-b^2)(4-b^2)c_2{}^2<0$$

因此式（2.22）左右两端严格大于 0，又由式（2.21）有 $Q_{(L,E)}^{B}\geqslant Q_{(E,E)}^{C}$。同理易得 $Q_{(E,L)}^{B}\geqslant Q_{(E,E)}^{C}$，因此命题 2.2 得证。

命题 2.2 表明价格竞争下任意一个均衡的加权平均产出都高于产量竞争下的加权平均产出。进一步地，由式（2.16）及式（2.17），若价格竞争均衡中两个企业的产量都较低，则式（2.18）不可能成立。因此，命题 2.2 表明在价格竞争均衡中至少一个企业的产出要高于其在产量竞争均衡中的产出。

3. 加权平均价格

下面考察最后一个比较标准——加权平均价格，其中权重为市场最优产出。由式（2.1），当 $p_i=c_i$ 时，$q_i^{c_i}=a-c_i+bc_j$，其中 $i,j=1,2,i\neq j$。因此，当以市场最优产出为权重时，两个序贯行动的价格竞争中的加权平均价格分别为

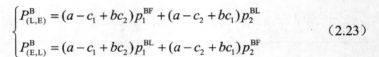

$$
\begin{cases}
P_{(L,E)}^{B} = (a - c_1 + bc_2)p_1^{BF} + (a - c_2 + bc_1)p_2^{BL} \\
P_{(E,L)}^{B} = (a - c_1 + bc_2)p_1^{BL} + (a - c_2 + bc_1)p_2^{BF}
\end{cases}
\tag{2.23}
$$

而同时行动的产量竞争中的加权平均价格为

$$
P_{(E,E)}^{C} = (a - c_1 + bc_2)p_1^{C} + (a - c_2 + bc_1)p_2^{C}
\tag{2.24}
$$

关于这些加权平均价格有以下结论成立。

命题 2.3 两个序贯行动的价格竞争均衡中的加权平均价格都低于同时行动的产量竞争均衡中的加权平均价格。

证明： 由式（2.23）及式（2.24），即要证

$$
\begin{cases}
P_{(L,E)}^{B} \leqslant P_{(E,E)}^{C} \\
P_{(E,L)}^{B} \leqslant P_{(E,E)}^{C}
\end{cases}
$$

在此只证 $P_{(L,E)}^{B} \leqslant P_{(E,E)}^{C}$，$P_{(E,L)}^{B} \leqslant P_{(E,E)}^{C}$ 类似可得。由式（2.6）有

$$
P_{(L,E)}^{B} - P_{(E,E)}^{C} = \frac{[a - (1-b)c_1](q_1^{C} - q_1^{BF}) + [a - (1-b)c_2](q_2^{C} - q_1^{BL})}{1 - b}
$$

$$
= \left(\frac{a}{1-b} - c_1\right)(q_1^{C} - q_1^{BF}) + \left(\frac{a}{1-b} - c_2\right)(q_2^{C} - q_1^{BL})
$$

因此由命题 2.2，$P_{(L,E)}^{B} \leqslant P_{(E,E)}^{C}$ 显然成立。

命题 2.3 说明价格竞争均衡下任意一个均衡的加权平均价格都低于产量竞争均衡下的加权平均价格。进一步地，由式（2.23）及式（2.24），若价格竞争均衡下两个企业的价格都较高，则命题 2.3 不可能成立。因此，命题 2.3 表明在价格竞争均衡下至少有一个企业的价格要低于其在产量竞争均衡下的价格。

2.4　本章小结

本章主要在 3 种标准——净价格产出比、加权平均产出和加权平均价格下，

对在可观测延迟的内生时机下线性需求及成本函数的双寡头价格竞争和产量竞争进行了比较，主要结论如下。

第一，每个企业在每个内生行动顺序的价格竞争均衡下的净价格产出比均低于其在内生行动顺序的产量竞争均衡下的相应值；两个序贯行动的 Bertrand 竞争均衡下的加权平均产出（价格）都要高于（低于）同时行动的 Cournot 竞争均衡下的加权平均产出（价格）。

第二，任意一个序贯行动的价格竞争均衡下的消费者剩余和社会福利之和都高于同时行动的 Cournot 竞争均衡下的消费者剩余和社会福利之和。

以上结论表明，虽然在内生时机下价格竞争与产量竞争中的均衡行动模式不同（价格竞争下为序贯行动而产量竞争下为同时行动），但产量竞争均衡下企业不可能同时拥有较低的价格和较高的产出，价格竞争均衡下至少有一个企业的产出（价格）要高于（低于）其在产量竞争均衡下的产出（价格）。因此从上述意义上说，在内生时机下，价格竞争比产量竞争更具有竞争力。

第3章　内生时机下博弈中不同均衡行动顺序的条件

本章将对可观测延迟的内生行动机制下双人博弈中的均衡行动顺序进行分析，给出出现各种不同均衡行动顺序的本质条件，这些结论不仅适用于一般的双寡头产量与价格竞争，也能很好地解释竞赛博弈中特定行动顺序的原因。本章共5节，3.1节提出问题，3.2节给出了内生时机下双寡头博弈中出现不同均衡行动顺序的本质条件，3.3节说明了本质条件与内生时机下产量与价格竞争中已有相关结论的联系，3.4节将3.2节的结论应用于竞赛博弈中，解释了竞赛博弈中特定行动顺序的原因，3.5节为小结。

3.1　问　题　提　出

作为产业经济学中的经典模型，Cournot 模型和 Bertrand 模型都假定博弈中参与人的行动是同时进行的，这一假设受到了 Stackelberg 的强烈质疑。他指出博弈中参与人的行动顺序应该是序贯的，并提出了著名的 Stackelberg 模型。然而 Stackelberg 自己也指出在外生给定的序贯行动博弈中可能会因为参与人都偏好于博弈中的一个共同角色（如都偏好于做领头者或都偏好于做尾随者）而导致博弈不存在稳定的均衡。类似于上述经典模型，在传统的博弈理论中也都假设博弈中参与人的行动顺序是外生给定的。参与人在博弈中的行动顺序是外生给定的这一假设，自 Hamilton 和 Slutsky 提出内生时机观点后得到了彻底的改变。内生时机观点由于能充分体现博弈中参与人的理性从而更符合现实而受到了学者们的广泛认可，他们纷纷从不同的角度研究内生时机下不同博弈中的均衡行动顺序。这些研究包括分别对内生时机下传统的价格及产量竞争的研究、内生时机下公共产品提供的研究和内生时机下契约提供的研究等[38-40,43-44,61-64,90]。

在对内生时机下的价格与产量竞争的已有研究中，对于价格竞争和产量竞争的研究是分开进行的，即分别讨论内生时机下价格与产量竞争的均衡。在已有研究的基础上，本章采用一般分析的方法，给出了可观测延迟机制下一般双人博弈中产生不同的均衡行动顺序的本质条件。这些条件不依赖于参与人的策略变量究竟是价格还是产量，而只依赖于参与人的收益函数与反应函数。这些结论不仅可以应用于一般的产量与价格竞争中，还能很好地解释竞赛博弈中出现特定行动顺序的原因。

3.2　内生时机下博弈中不同均衡行动顺序的条件

本章中所用到的内生时机机制是可观测延迟的内生时机机制，关于可观测延迟的内生时机机制所确定的参与人内生决定行动顺序的规则见本书 2.3 节，这里不再赘述。

在可观测延迟的内生时机机制下整个扩展的博弈为一个完全信息的动态博弈，其均衡概念为子博弈精炼 Nash 均衡。整个扩展的博弈的任何一个子博弈精炼 Nash 均衡都对应着基本博弈中的一个行动顺序，该行动顺序即为内生时机机制下博弈的均衡行动顺序。由于学者们对混合策略均衡至今仍存在争议，本章只考虑纯策略的子博弈精炼均衡。按照通常的习惯，若参与人在扩展阶段选择在基本博弈中同时行动，则称基本博弈中的均衡为 Nash 均衡；而如果参与人在扩展阶段选择在基本博弈中先后行动，则称基本博弈中的均衡为 Stackelberg 均衡或序贯均衡（这意味着基本博弈实质上包含 3 个博弈：一个同时行动博弈和分别以两个参与人为领头者的序贯行动博弈）。

本章将在一个一般的框架下分析可观测延迟的内生时机下两人博弈中的均衡行动顺序。该分析不依赖参与人的策略变量究竟是产量还是价格，而只依赖于参与人的支付函数。若令 G 表示同时行动的基本博弈，G_1 和 G_2 分别表示以参与人 1 和 2 领头的序贯行动的基本博弈。假设参与人 i（$i=1,2$）在基本博弈中的策略变量为 x_i，令 $\Pi_i(x_i,x_j)$ 表示参与人 i 选择 x_i 而参与人 j 选择 x_j 时参与人 i 的支付，则参与人 i 的反应对应为

$$r_i(x_j) = \arg\max_{x_i} \Pi_i(x_i,x_j)$$

博弈 G 的 Nash 均衡为处于两个参与人反应对应的交点上的策略组合 $(x_i^{\mathrm{N}}, x_j^{\mathrm{N}})$。类似地，若记 $(x_i^{\mathrm{L}}, x_j^{\mathrm{F}})$ 为博弈 G_i 的 Stackelberg 均衡，其中上标 L 和 F 分别表示领头者和尾随者，则 $(x_i^{\mathrm{L}}, x_j^{\mathrm{F}})$ 满足以下要求

$$x_i^{\mathrm{L}} = \arg\max_{x_i} \Pi_i(x_i, r_j(x_i)) \quad \text{且} \quad x_j^{\mathrm{F}} = r_j(x_i^{\mathrm{L}})$$

因此，参与人 i 在博弈 G、G_i 及 G_j 中的均衡支付可分别记为 $\Pi_i^{\mathrm{N}} = \Pi_i(x_i^{\mathrm{N}}, x_j^{\mathrm{N}})$、$\Pi_i^{\mathrm{L}} = \Pi_i(x_i^{\mathrm{L}}, x_j^{\mathrm{F}})$，$\Pi_i^{\mathrm{F}} = \Pi_i(x_i^{\mathrm{F}}, x_j^{\mathrm{L}})$，$i,j=1,2$，$i \neq j$。

由于整个博弈为完全信息的动态博弈，采用逆向归纳法的思想，令参与人在基本博弈中的支付由其均衡支付代替，则参与人在扩展阶段中关于基本博弈中行动顺序的博弈可简化为如图 3.1 所示的 2×2 的博弈（其中"E"表示选择

在基本博弈中先动，而 "L" 表示选择在基本博弈中后动）。

图 3.1　关于内生行动顺序的博弈

为了分析更一般的支付函数在内生时机机制下的均衡结果，以下假设是必要的。

假设 1　基本博弈 G 及 G_i 分别存在 Nash 均衡及子博弈精炼 Nash 均衡。

假设 2　参与人 i 在 G_i 中的 Stackelberg 领头者支付不低于其在 G 中的 Nash 均衡支付，即 $\Pi_i^{L} \geqslant \Pi_i^{N}$。

注意，在多均衡时假设 2 意味着最差的 Stackelberg 领头者支付不低于最好的 Nash 均衡支付。

在以上两个基本假设中，第一个假设是很平凡的。基本博弈中均衡的存在性是本章分析的基础，由于本章主要探讨内生时机下的均衡行动顺序，因此直接将均衡的存在性作为假设提出。事实上，若基本博弈 G 中的 Nash 均衡存在，参与人的策略空间为紧的且支付函数在策略空间上连续，则 G_i 中的子博弈精炼 Nash 均衡也存在[95]。关于基本的产量及价格竞争中均衡的存在性的已有结论可参见前两章的讨论。假设 2 是很直观的，在一般常见的完全信息博弈中也是满足的，如常见的 Cournot 模型和 Bertrand 模型等。事实上，由于 $\Pi_i^{L} = \max\limits_{x_i} \Pi_i(x_i, r_j(x_i))$，而 $\Pi_i^{N} = \Pi_i(x_i^{N}, r_j(x_i^{N}))$，所以该假设在很多博弈中都是满足的（值得注意的是，在目前的条件下并不能表明该结论对于所有的两人博弈都是满足的）。

有了这些基本介绍，下面给出本节的主要结论。

命题 3.1　在可观测延迟的内生时机下，若假设 1 和假设 2 成立，且 $\Pi_i(x_i, x_j)$ 关于 x_j 非减（非增），其中 $i, j = 1, 2$，$i \neq j$，则 $x_j^{F} \geqslant x_j^{N}$（相应地

$x_j^{\mathrm{F}} \leqslant x_j^{\mathrm{N}}$) 。

证明： 只证 $\Pi_i(x_i, x_j)$ 关于 x_j 非减时结论成立，当 $\Pi_i(x_i, x_j)$ 关于 x_j 非增时类似可证。考察 i 在 G_i 和 G 中的均衡支付，下列不等式成立

$$\Pi_i(x_i^{\mathrm{L}}, x_j^{\mathrm{F}}) \geqslant \Pi_i(x_i^{\mathrm{N}}, x_j^{\mathrm{N}}) \geqslant \Pi_i(x_i^{\mathrm{L}}, x_j^{\mathrm{N}})$$

其中，第一个不等式来自假设 2，第二个不等式是根据 Nash 均衡的概念得出的。又由于 $\Pi_i(x_i, x_j)$ 关于 x_j 非减，所以结论成立。

$$\Pi_i(x_i^{\mathrm{L}}, x_j^{\mathrm{F}}) \geqslant \Pi_i(x_i^{\mathrm{N}}, x_j^{\mathrm{N}}) \geqslant \Pi_i(x_i^{\mathrm{L}}, x_j^{\mathrm{N}})$$

很显然，若 $\Pi_i(x_i, x_j)$ 关于 x_j 是可微的，则命题 3.1 可等价地表示如下。

命题 3.1′ 在可观测延迟的内生时机下，若假设 1 和假设 2 成立，且

$$\frac{\partial \Pi_i(x_i, x_j)}{\partial x_j} \geqslant 0 \left(\frac{\partial \Pi_i(x_i, x_j)}{\partial x_j} \leqslant 0 \right) (i, j = 1, 2,\ i \neq j)$$

则

$$x_j^{\mathrm{F}} \geqslant x_j^{\mathrm{N}}(x_j^{\mathrm{F}} \leqslant x_j^{\mathrm{N}})$$

在本节的余下部分中，为了描述方便，通常假设对应函数的可微性成立。但应该明确的是，可微性只是为了叙述方便，不是必要的，其实质要求是相应函数的单调性。

下面的命题 3.2 比较了 Stackelberg 领头者的均衡策略变量水平与 Nash 均衡水平的相对大小。

命题 3.2 在可观测延迟的内生时机下，若假设 1 和假设 2 成立，且

$$\frac{\partial \Pi_i(x_i, x_j)}{\partial x_j} \bullet r_j{}'(x_i) \geqslant 0 \left(\frac{\partial \Pi_i(x_i, x_j)}{\partial x_j} \bullet r_j{}'(x_i) \leqslant 0 \right) (i, j = 1, 2,\ i \neq j)$$

则

---

① $\Pi_i(x_i, x_j)$ 关于 x_j 非减（非增），是传统的策略互补（策略替代）的概念，现在一般将参与人的反应对应递增称为策略互补，而将参与人的反应对应递减称为策略替代[96]。

$$x_i^{\mathrm{L}} \geqslant x_i^{\mathrm{N}}（相应地 x_i^{\mathrm{L}} \leqslant x_i^{\mathrm{N}}）^{①}$$

证明：这里只证明当 $\dfrac{\partial \Pi_i(x_i, x_j)}{\partial x_j} \cdot r_j'(x_i) \geqslant 0$ 时，$x_i^{\mathrm{L}} \geqslant x_i^{\mathrm{N}}$。当 $\dfrac{\partial \Pi_i(x_i, x_j)}{\partial x_j} \cdot r_j'(x_i) \leqslant 0$ 时，$x_i^{\mathrm{L}} \leqslant x_i^{\mathrm{N}}$ 类似可证。注意到 $\dfrac{\partial \Pi_i(x_i, x_j)}{\partial x_j} \cdot r_j'(x_i) \geqslant 0$ 等价于以下两种情况之一成立：

（1）$\dfrac{\partial \Pi_i(x_i, x_j)}{\partial x_j} \geqslant 0$ 且 $r_j'(x_i) \geqslant 0$；

（2）$\dfrac{\partial \Pi_i(x_i, x_j)}{\partial x_j} \leqslant 0$ 且 $r_j'(x_i) \leqslant 0$。

从对应的函数的增减性来看，这两个条件等价于参与人 i 的支付函数 $\Pi_i(x_i, x_j)$ 关于参与人 j 的策略变量水平 x_j 与参与人 j 的反应对应 $r_j(\cdot)$ 具有相同的增减性。

这里只证明在情况（1）下结论成立，对于情况（2）是类似的。若 $\dfrac{\partial \Pi_i(x_i, x_j)}{\partial x_j} \geqslant 0$，由命题 3.1，$x_j^{\mathrm{F}} \geqslant x_j^{\mathrm{N}}$，即 $r_j(x_i^{\mathrm{L}}) \geqslant r_j(x_i^{\mathrm{N}})$。又因为 $r_j'(x_i) \geqslant 0$，即 $r_j(\cdot)$ 是非降的，所以 $x_i^{\mathrm{L}} \geqslant x_i^{\mathrm{N}}$。

以上两个命题以参与人的收益函数和反应对应的增减性为基础，比较了基本博弈中 Stackelberg 均衡策略变量水平与 Nash 均衡策略变量水平的相对大小。

下面比较 Stackelberg 均衡支付与 Nash 均衡支付的相对大小。

命题 3.3　在可观测延迟的内生时机下，若假设 1 和假设 2 成立，且如果

$$\dfrac{\partial \Pi_j(x_i, x_j)}{\partial x_i} \cdot \dfrac{\partial \Pi_i(x_i, x_j)}{\partial x_j} \cdot r_j'(x_i) \geqslant 0 \left(\dfrac{\partial \Pi_j(x_i, x_j)}{\partial x_i} \cdot \dfrac{\partial \Pi_i(x_i, x_j)}{\partial x_j} \cdot r_j'(x_i) \leqslant 0 \right)$$

---

① 事实上，这里及后面的讨论中只要求 $r_j(\cdot)$ 在 x_i^{L} 与 x_i^{N} 之间单调，而不要求全局单调，为方便叙述都记为 $r_j(\cdot)$ 单调。

其中 $i, j = 1, 2$，$i \neq j$，则

$$\Pi_j^{\mathrm{F}} \geqslant \Pi_j^{\mathrm{N}} \text{（相应地 } \Pi_j^{\mathrm{F}} \leqslant \Pi_j^{\mathrm{N}} \text{）}$$

证明：同样只证当 $\dfrac{\partial \Pi_j(x_i, x_j)}{\partial x_i} \cdot \dfrac{\partial \Pi_i(x_i, x_j)}{\partial x_j} \cdot r_j'(x_i) \geqslant 0$ 时结论成立。

$\dfrac{\partial \Pi_j(x_i, x_j)}{\partial x_i} \cdot \dfrac{\partial \Pi_i(x_i, x_j)}{\partial x_j} \cdot r_j'(x_i) \geqslant 0$ 等价于以下两种情况：

（1）$\dfrac{\partial \Pi_j(x_i, x_j)}{\partial x_i} \geqslant 0$ 且 $\dfrac{\partial \Pi_i(x_i, x_j)}{\partial x_j} \cdot r_j'(x_i) \geqslant 0$；

（2）$\dfrac{\partial \Pi_j(x_i, x_j)}{\partial x_i} \leqslant 0$ 且 $\dfrac{\partial \Pi_i(x_i, x_j)}{\partial x_j} \cdot r_j'(x_i) \leqslant 0$。

对（1）中的情况，由命题 3.2，$\dfrac{\partial \Pi_i(x_i, x_j)}{\partial x_j} \cdot r_j'(x_i) \geqslant 0$ 意味着 $x_i^{\mathrm{L}} \geqslant x_i^{\mathrm{N}}$，

因此

$$\Pi_j(x_i^{\mathrm{L}}, x_j^{\mathrm{F}}) \geqslant \Pi_j(x_i^{\mathrm{L}}, x_j^{\mathrm{N}}) \geqslant \Pi_j(x_i^{\mathrm{N}}, x_j^{\mathrm{N}})$$

其中，第一个不等式是根据 Stackelberg 均衡的定义得出的，而第二个不等式是

由于 $x_i^{\mathrm{L}} \geqslant x_i^{\mathrm{N}}$，且 $\dfrac{\partial \Pi_j(x_i, x_j)}{\partial x_i} \geqslant 0$，所以 $\Pi_j^{\mathrm{F}} \geqslant \Pi_j^{\mathrm{N}}$，结论成立。

以上关于 Stackelberg 均衡支付与 Nash 均衡支付的比较是确定可观测延迟的内生时机机制下均衡行动顺序的关键因素。有了以上结论，给定参与人在基本博弈中的支付由其均衡支付代替，参与人关于行动顺序选择的扩展的博弈简化为图 3.1 中的 2×2 博弈。关于这个 2×2 博弈的均衡行动顺序有以下结论。

命题 3.4 在可观测延迟的内生时机下，若假设 1 和假设 2 成立，则以下结论成立。

（1）如果 $\dfrac{\partial \Pi_j(x_i, x_j)}{\partial x_i} \cdot \dfrac{\partial \Pi_i(x_i, x_j)}{\partial x_j} \cdot r_j{}'(x_i) \geqslant 0$，其中 $i, j = 1, 2$，$i \neq j$，则内生时机会导致两种序贯行动作为均衡行动顺序，即基本博弈 G_1 和 G_2 都为均衡行动结果。

（2）如果 $\dfrac{\partial \Pi_j(x_i, x_j)}{\partial x_i} \cdot \dfrac{\partial \Pi_i(x_i, x_j)}{\partial x_j} \cdot r_j{}'(x_i) \leqslant 0$，其中 $i, j = 1, 2$，$i \neq j$，则内生时机导致同时行动作为均衡行动顺序，即基本博弈 G 为均衡行动结果。

（3）如果 $\dfrac{\partial \Pi_j(x_i, x_j)}{\partial x_i} \cdot \dfrac{\partial \Pi_i(x_i, x_j)}{\partial x_j} \cdot r_j{}'(x_i) \geqslant 0$，且 $\dfrac{\partial \Pi_j(x_i, x_j)}{\partial x_i} \cdot \dfrac{\partial \Pi_i(x_i, x_j)}{\partial x_j} \cdot$

$r_i{}'(x_j) \leqslant 0$，其中 $i, j = 1, 2$，$i \neq j$，则内生时机会导致以 i 为领头者的序贯行动作为均衡行动顺序，即 G_i 为均衡行动结果。

根据命题 3.3 和图 3.1 中参与人关于行动顺序的 2×2 博弈，命题 3.4 是显然的。

3.3　结论的说明

下面具体说明上述主要结论在产量与价格竞争中的含义，以及其与内生时机下产量与价格竞争的已有相关结论的联系。

在命题 3.1 的主要结论中，若 $\dfrac{\partial \Pi_j(x_i, x_j)}{\partial x_i} \cdot \dfrac{\partial \Pi_i(x_i, x_j)}{\partial x_j} \geqslant 0$，且 $r_j{}'(x_i) \geqslant 0$，则由于每个参与人的收益都关于对手策略递增（或递减），而同时由于每个参与人的反应函数是递增的，因此此时每个参与人作为尾随者时策略变量的水平都要高于（低于）其 Nash 均衡的策略变量水平，所以最终参与人的尾随支付高于其 Nash 均衡支付，从而其在内生时机下选择序贯行动。命题 3.1 中其他情况类似可以说明。

Amir 和 Grilo 在文献［44］中考察了内生时机下一般需求及成本函数下的 Cournot 双寡头博弈中的均衡行动顺序，其中的定理 3.2 和 3.3 分别给出了产生同时行动和序贯行动的条件。虽然其是用超模博弈的方法进行分析的，但实际上定理 3.2 中的条件是为了保证参与人的反应对应为递减的（$r_j'(x_i) \leqslant 0$），且每个参与人的收益关于对手策略递减 $\left(\dfrac{\partial \Pi_i(x_i, x_j)}{\partial x_j} \leqslant 0 \right)$，这对应于命题 3.3 中的

条件 $\dfrac{\partial \Pi_j(x_i, x_j)}{\partial x_i} \cdot \dfrac{\partial \Pi_i(x_i, x_j)}{\partial x_j} \cdot r_j'(x_i) \leqslant 0$ 成立，从而参与人的 Nash 均衡收益高

于其 Stackelberg 尾随者收益，参与人宁愿收获同时行动时的 Nash 均衡收益也不愿充当尾随者，所以内生时机会导致同时行动。文献［44］中定理 3.2 的实质是为了保证参与人的反应对应为递增的（$r_i'(x_j) \geqslant 0$），且每个参与人的收益关于对手策略递减 $\left(\dfrac{\partial \Pi_i(x_i, x_j)}{\partial x_j} \leqslant 0 \right)$，在这种情况下命题 3.3 中的条件

$\dfrac{\partial \Pi_j(x_i, x_j)}{\partial x_i} \cdot \dfrac{\partial \Pi_i(x_i, x_j)}{\partial x_j} \cdot r_j'(x_i) \geqslant 0$ 成立，从而参与人的 Nash 均衡支付低于其

Stackelberg 尾随者支付，参与人宁愿收获尾随者收益也不愿收获同时行动时的 Nash 均衡收益，所以内生时机会导致序贯行动。

Amir 等在文献［43］中考察了在可观测延迟的内生时机下在一般需求及常数的边际成本下双寡头价格博弈中的均衡行动顺序。类似地，其引理 2.1 中的条件（a）及（b）分别保证了命题 3.4 中（1）及（2）中的条件成立。文献［45］和［46］分别考察了一个利润最大化的私有企业和一个社会福利最大化的公有企业在可观测延迟的内生时机下的产量和价格竞争中的均衡行动顺序，类似地可以验证本章的结论也是适用的。

对于线性需求及成本，上述结论是显然的。例如，在逆需求函数

$p_i = a - q_i - bq_j$ 下的产量竞争中，企业的利润函数为 $\pi_i = (a - q_i - bq_j - c_i)q_i$（其

中 c_i 为企业 i 的边际成本），对此利润函数显然有 $\dfrac{\partial \pi_i}{\partial q_j} < 0$，且 $r_i(q_j) = \dfrac{a - bq_j}{2}$，

即 $r_i'(\cdot) < 0$，所以 $\dfrac{\partial \pi_j}{\partial x_i} \cdot \dfrac{\partial \pi_i}{\partial x_j} \cdot r_j'(\cdot) < 0$，因此内生时机下该产量竞争中的均衡

行动顺序为同时行动。同时在线性需求函数 $q_i = a - p_i + bp_j$ 下的价格竞争中，

企业的利润函数为 $\pi_i = (a - p_i + bp_j)(p_i - c_i)$，对此利润函数有 $\dfrac{\partial \pi_i}{\partial p_j} > 0$，且

$r_i(p_j) = \dfrac{a + bp_j}{2}$，即 $r_i'(\cdot) > 0$，所以 $\dfrac{\partial \pi_j}{\partial x_i} \cdot \dfrac{\partial \pi_i}{\partial x_j} \cdot r_j'(\cdot) > 0$，因此内生时机下该

价格竞争中的均衡行动顺序为分别以两参与人为领头者的序贯行动。

3.4　结论在竞赛博弈中的应用

下面主要讨论内生时机下的结论在策略性竞赛博弈中的应用。

竞赛博弈描述的是竞赛参与者为获得一个不可分割的目标或奖金而进行

的竞争，在现实的经济和政治生活中应用很广，如寡头之间的专利竞赛、政治

候选人的竞选、体育竞赛等。在这些博弈中，在很多情况下参与人对行动时机

的选择本身就是参与人策略的一部分，也即博弈中参与人的行动顺序往往是由

参与人内生决定的，它本身就是参与人之间博弈的结果。

文献［91］描述了在可观测延迟的内生时机下的竞赛博弈中，当两个参与

人中的一方对竞争目标的价值具有完全信息而另一方具有不完全信息时博弈

的均衡，并由此来解释在美国总统竞选中在位的政党所选择的竞选日期总是迟

于非在位政党这一现实现象。在文献［91］中竞赛目标的价值是随机的，且其

值是在参与人的时机选择之后实现的，其结论用于解释美国总统竞选中特定的

行动顺序时假设在位的一方在选择竞选支出时对目标的价值具有完全信息而非在位的一方具有不完全信息。在现实的竞赛博弈中，在很多情况下目标的价值是确定的，且竞赛各方对目标的价值具有对称且完全信息，如竞选中各候选人对所竞争的职位往往具有完全充分的了解，专利竞赛中竞争各方对专利的含义也往往具有充分的了解。因此不同于文献［91］，本节假设竞争目标的价值是完全确定的，且竞赛双方对竞争目标的价值都具有完全信息，但竞赛双方获得目标的概率函数是非对称的。在此假设下，利用 3.2 节的原理与结论考察了在可观测延迟的内生时机下双人竞赛博弈的均衡行动顺序，并由此解释了美国总统竞选中特定的行动顺序。

首先描述一般的两个参与人竞赛模型。假设竞争目标对两个参与人的价值是确定的，其值都为 V。两个风险中性的参与人为获得 V 而付出的努力水平（或货币支出）分别为 x_1 和 x_2，在此努力水平下参与人 1 赢得目标的概率为 $p(x_1, x_2)$，从而参与人 2 赢得目标的概率为 $1 - p(x_1, x_2)$，因此此时两个参与人的期望支付分别为

$$\pi_1(x_1, x_2) = Vp(x_1, x_2) - x_1$$
$$\pi_2(x_1, x_2) = V[1 - p(x_1, x_2)] - x_2$$

为了保证递减的边际收益及二阶条件成立，假设参与人 1 赢得目标的概率 $p(x_1, x_2)$ 为二阶连续可微的，且满足以下基本假设：

$$\frac{\partial p(x_1, x_2)}{\partial x_1} > 0, \ \frac{\partial^2 p(x_1, x_2)}{\partial x_1^2} < 0, \ \frac{\partial p(x_1, x_2)}{\partial x_2} < 0, \ \frac{\partial^2 p(x_1, x_2)}{\partial x_2^2} > 0 \quad (3.1)$$

以上假设表明每个参与人赢得目标的概率关于自身的努力水平递增，而关于对手的努力水平递减，同时每个参与人赢得目标的概率关于自身努力水平递增的速度在减小。

在以上假设下，两个参与人在同时行动博弈中 Nash 均衡的一阶条件分别为

$$\frac{\partial \pi_1(x_1, x_2)}{\partial x_1} = V \frac{\partial p}{\partial x_1} - 1 = 0$$

$$\frac{\partial \pi_2(x_1, x_2)}{\partial x_2} = -V \frac{\partial p}{\partial x_2} - 1 = 0$$

假设由以上一阶条件得到的两个参与人的反应函数分别为 $r_1(\cdot)$ 和 $r_2(\cdot)$，以上一阶条件分别关于两个参与人的竞赛支出 x_1 和 x_2 求偏导可得

$$r_1'(\cdot) = -\frac{\dfrac{\partial^2 p}{\partial x_1 \partial x_2}}{\dfrac{\partial^2 p}{\partial x_1^2}}$$

$$r_2'(\cdot) = -\frac{\dfrac{\partial^2 p}{\partial x_1 \partial x_2}}{\dfrac{\partial^2 p}{\partial x_2^2}}$$

由关于 $p(x_1, x_2)$ 的基本假设，很显然此时只要 $\dfrac{\partial^2 p}{\partial x_1 \partial x_2} \neq 0$，则两个参与人的反应函数的单调性是相反的。又由于

$$\frac{\partial \pi_1}{\partial x_2} = V \frac{\partial p}{\partial x_2} < 0 \tag{3.2}$$

$$\frac{\partial \pi_2}{\partial x_1} = -V \frac{\partial p}{\partial x_1} < 0 \tag{3.3}$$

因此由 3.2 节中命题 3.4 的结论（3），只要 $\dfrac{\partial^2 p}{\partial x_1 \partial x_2} \neq 0$，上述竞赛博弈在内生时机下的均衡行动顺序即为以特定的参与人为领头者的序贯行动。近一步地，当 $\dfrac{\partial^2 p}{\partial x_1 \partial x_2} > 0$ 时内生时机下的均衡行动顺序为以参与人 2 为领头者的序贯行动；当 $\dfrac{\partial^2 p}{\partial x_1 \partial x_2} < 0$ 时内生时机下的均衡行动顺序为以参与人 1 为领头者的序贯行动。

为了理解 $\dfrac{\partial^2 p}{\partial x_1 \partial x_2}$ 为不同符号时的含义，下面具体讨论 $p(x_1, x_2) =$

$\dfrac{f_1(x_1)}{f_1(x_1) + f_2(x_2)}$ 时的情形，其中 $f_i(\cdot)(i=1,2)$ 为单调递增的函数[①]。容易验证，在上述 $p(x_1, x_2)$ 下

$$\frac{\partial^2 p}{\partial x_1 \partial x_2} = \frac{f_1' f_2' (f_1 - f_2)}{(f_1 + f_2)^3}$$

在同时行动的 Nash 均衡处 $\dfrac{\partial^2 p}{\partial x_1 \partial x_2} > 0$ 当且仅当 $f_1 > f_2$，而这又等价于参与人 1 赢得目标的概率 $p > \dfrac{1}{2}$。由于当 $f_1(\cdot) \neq f_2(\cdot)$ 时，参与人之间的地位是非对称的，因此此时不防将在 Nash 均衡处赢得目标的概率大于 1/2 的参与人定义为优势方，而另一参与人定义为劣势方，并具体对这种情况进行讨论。在这种规定下，当 $\dfrac{\partial^2 p}{\partial x_1 \partial x_2} > 0$ 时优势方为参与人 1，此时两个参与人的反应函数分别为

$$r_1'(\cdot) = -\frac{f_1' f_2' (f_1 - f_2)}{f_1'' f_2 (f_1 + f_2) - 2 f_1'^2 f_2}$$

$$r_2'(\cdot) = \frac{f_1' f_2' (f_1 - f_2)}{f_1 f_2'' (f_1 + f_2) - 2 f_1 f_2'^2}$$

容易看出，当 $\dfrac{\partial^2 p}{\partial x_1 \partial x_2} > 0$ 时参与人 1 的反应函数是递增的，而参与人 2 的反应函数是递减的[②]。由式（3.2）、式（3.3）及命题 3.2，此时参与人的竞选支出满足[③]

$$x_1^{\mathrm{F}} \leqslant x_1^{\mathrm{N}}, \ x_2^{\mathrm{F}} \leqslant x_2^{\mathrm{N}} \tag{3.4}$$

---

① 在文献[90]中，$p(x_1, x_2) = \dfrac{x_1}{x_1 + x_2}$ 为上述概率函数的特殊情况。

② 注意到在这种情况下，全局内参与人的反应函数并不是单调的。当 $\dfrac{\partial^2 p}{\partial x_1 \partial x_2} > 0$ 时 $r_1(\cdot)$ 是递增的，而当 $\dfrac{\partial^2 p}{\partial x_1 \partial x_2} < 0$ 时 $r_1(\cdot)$ 是递减的，对于 $r_2(\cdot)$ 则相反，但这种情况仍然能利用 3.2 节的结论。

③ 上标 L 及 F 分别表示对应参与人在序贯博弈中做领头者及尾随者。

$$x_1^{\mathrm{L}} \geqslant x_1^{\mathrm{N}}, \ x_2^{\mathrm{L}} \leqslant x_2^{\mathrm{N}} \qquad （3.5）$$

参与人的反应函数及其在不同顺序博弈中的均衡可用图 3.2 表示。

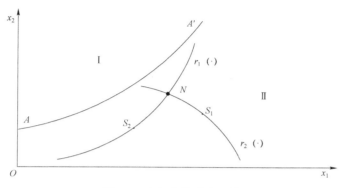

图 3.2　参与人的反应函数

其中，曲线 AA' 表示 $f_1(x_1) = f_2(x_2)$ 的轨迹，在区域 Ⅰ 中 $f_1(x_1) < f_2(x_2)$，而在区域 Ⅱ 中 $f_1(x_1) > f_2(x_2)$。N 表示同时行动的 Nash 均衡点，而 $S_i (i = 1, 2)$ 则表示以参与人 i 为领头者的序贯均衡点。

由于当函数 $f_1(\cdot)$ 与 $f_2(\cdot)$ 不相同时，两个参与人之间是非对称的，因此命题 3.4 表明上述竞赛博弈中若 Nash 均衡处 $f_1(x_1^{\mathrm{N}}) > f_2(x_2^{\mathrm{N}})$，即若参与人 1 为潜在的优势方，则内生时机下的均衡行动顺序为以参与人 2 为领头者的序贯行动。同时由式（3.4）和式（3.5），在这种以参与人 2 为领头者的序贯行动中，领头者及尾随者的竞赛支出均小于其在同时行动时的 Nash 均衡支出，从而总的竞赛支出也小于同时行动时总的支出。

以上结论为历年来美国总统竞选中所出现的特定行动顺序提供了有力的解释。观察美国自 1948 年以来历届总统竞选时在位政党和非在位政党开始竞选活动的日期不难发现，在位政党竞选活动的开始日期总是迟于非在位政党。

历史上几乎所有的（除 1952 年外）在位政党的竞选人总是在位的总统或副总统，因此，从这一意义上可以认为在位政党具有一定的优势。尽管如此，上述模型的结论表明内生时机下的均衡行动顺序为序贯行动，且具有优势的在位政党总是选择作为后动者。另外，在这种在位政党后动的序贯行动中，每个竞选方的竞选支出都要小于同时行动时的支出，因而从社会意义上看这种序贯行动比同时行动更有益。

3.5　本　章　小　结

本章基于参与人的收益函数分析了可观测延迟的内生时机下双寡头博弈中的均衡行动顺序，给出了导致不同的均衡行动顺序的本质条件，表明在内生时机下博弈的均衡行动顺序主要取决于参与人自身的支付关于对手策略变量的增减性和参与人的反应函数的增减性。这一结论直接以参与人的支付函数及反应对应为出发点，不依赖参与人的策略变量究竟是价格还是产量，是已有的关于内生时机下参与人的均衡行动顺序的相关研究的推广。这一结论不仅适用于双寡头产量与价格竞争，也能很好地解释竞赛博弈中特定行动顺序的原因。

第4章　双重内生选择

本章主要研究双重内生选择下双寡头博弈的均衡，其中双重内生选择是指行动时机和策略变量类型都由参与人内生选择[①]。本章共 4 节：4.1 节提出问题；4.2 节和 4.3 节研究了在线性需求及成本函数下，参与人分别在内生时机之前和内生时机之后选择策略变量类型时双寡头博弈的均衡结果；4.4 节为小结。

4.1　问　题　提　出

本书第 3 章介绍了经济学家们对于传统模型中外生的行动顺序的争议，类似于这一争议，经济学家们对传统模型中外生的策略变量类型也存在争议。这一争议起始于 Bertrand 对 Cournot 模型中策略变量合理性的质疑。Bertrand 声称，现实中企业并不是选择产量来适应市场价格，在更多的情况下是根据市场需求来调节自己的价格，因而 Cournot 模型将产量作为参与人策略变量是不合理的，并因此提出了寡头之间价格竞争的 Bertrand 模型。Bertrand 的观点受到了 Friedman 的肯定，其同样认为在寡头竞争中企业更多时候是调节自己的价

---

① 在全书中内生时机是指参与人内生选择行动时机，双重内生选择既包括内生时机也包括内生策略变量的选择。

格[92]。为了进一步理解在寡头竞争中究竟是价格竞争还是产量竞争是合理的竞争形式，一些学者研究了不同环境下两种竞争形式的相对效率，遗憾的是，由于计划者在不同环境下的目标不同，对于这一问题并没有得出一致的结论[32-33,66-70]。同时有些学者认为企业通常是既选择产量也选择价格的，即先选择生产产量，再根据市场情况选择价格[93-98]。

正如内生时机的观点合理解决了学者们关于合理行动顺序的争论，对于什么才是合理的策略变量类型这一问题，一类观点认为企业在竞争中究竟是选择产量还是价格也应该由企业之间的博弈决定，即由企业内生决定，而不是外生确定的[52,81]。在这种内生选择策略变量的观点下，学者们纷纷研究一般需求函数和成本函数下寡头博弈中的均衡策略变量类型，表明在一般情况下企业倾向于选择产量竞争[79-81]。

既然外生时机或外生策略变量类型都是不合理的，而内生时机解决了外生时机的不合理性，内生选择策略变量在一定程度上也就解决了外生策略变量的不合理性。博弈中的行动顺序（先动还是后动）和策略变量类型（价格竞争还是产量竞争）本身都应该是参与人之间博弈的结果。基于这种观点，本章讨论当行动时机和策略变量类型都由参与人内生选择时博弈的均衡结果。

4.2 内生时机之前选择策略变量类型时博弈的均衡

本节研究行动顺序（先动还是后动）和策略变量类型（价格竞争还是产量竞争）都由参与人内生决定，且参与人在内生时机之前选择策略变量类型时博弈的均衡结果。

这种行动顺序和策略变量类型都由参与人内生决定的情形称为双重内生

选择。为了研究这种双重内生选择下博弈的具体均衡结果，本节和 4.3 节考虑一类常见的差异替代产品的双寡头模型，其中企业的需求函数和成本函数均为线性的。具体地，假设企业具有相同的常数边际成本 c，企业 i $(i=1,2)$ 面临的市场需求函数为

$$q_i(p_1, p_2) = a - p_i + bp_j$$

其中，b 为产品差异参数，$0 < b < 1$。此外，为了保证在均衡时所有的企业都有正的产出，即在上述需求系统下价格和产量竞争的均衡都存在，假设 $a > (1-b)c$。

在上述给定的需求系统下，企业 i 的逆需求函数为

$$p_i = \frac{a(1+b) - q_i - bq_j}{1 - b^2}$$

因此企业 i 定义在价格空间上的利润函数为

$$\pi_i^{\mathrm{B}} = (p_i - c)(a - p_i + bp_j) \tag{4.1}$$

而定义在产量空间上的利润函数为

$$\pi_i^{\mathrm{C}} = \left[\frac{a(1+b) - q_i - bq_j}{1 - b^2} - c_i \right] q_i \tag{4.2}$$

值得说明的是，这里的上标 B 或 C 仅仅表示价格竞争或产量竞争，而不表示传统的 Bertrand 竞争或 Cournot 竞争（即同时行动），后面将会看到上标 B 或 C 和其他上标联合使用也可表示序贯行动。

另外，如果企业 i 选择价格策略而企业 j $(i=1,2, j=1,2, i \neq j)$ 选择产量策略，则企业 i 的利润函数为

$$\pi_i^{\mathrm{P}} = (p_i - c)\left[a(1+b) - bq_j - (1-b^2)p_i \right] \tag{4.3}$$

而企业 j 的利润函数为

$$\pi_j^{\mathrm{Q}} = (a + bp_i - q_j - c)q_j \tag{4.4}$$

其中，上标P或Q表示当两个参与人选择不同类型的策略变量时（一个参与人选择价格策略而另一个参与人选择产量策略）参与人自己的策略变量。

现在为了分析双重内生选择下上述双寡头博弈的均衡，分别给出独立的内生时机下及内生策略变量选择下参与人之间的博弈。

首先，这里所用到的内生时机机制仍然是 2.3 节中所描述的可观测延迟机制。

其次，给出独立的内生策略变量选择规则。实际上，这里所用到的内生策略变量选择规则类似于可观测延迟的内生时机机制。在基本博弈之前参与人首先关于究竟是进行价格竞争还是产量竞争进行博弈，即参与人首先同时选择基本博弈中策略变量类型——价格还是产量，这意味着如果两个参与人都选择价格策略，则参与人之间进行 Bertrand 竞争，其利润函数由式（4.1）给定；如果两个参与人都选择产量，则参与人之间进行 Cournot 竞争，其利润函数由式（4.2）给定；如果一个参与人选择价格而另一个参与人选择产量，则其利润函数分别由式（4.3）和式（4.4）给定。同时参与人一旦选择价格（产量）作为自己的策略变量，则其必须提供由需求函数（逆需求函数）决定的产量（价格）的产品。当参与人关于策略变量的选择被观测到时参与人之间进行基本博弈，因此这种内生策略变量选择的博弈仍然是一个完全信息的动态博弈，给定参与人在基本博弈中同时行动，其支付由其子博弈精炼均衡支付代替，则参与人关于策略变量选择的博弈仍然能够简化为如图 4.1 所示的 2×2 博弈。

		参与人2	
		价格	产量
参与人1	价格	Π_1^B, Π_2^B	Π_1^P, Π_2^Q
	产量	Π_1^Q, Π_2^P	Π_1^C, Π_2^C

图 4.1 简化后关于内生策略变量选择的博弈

其中，Π_i^{B}（Π_i^{C}）表示参与人 i 在同时行动的价格（产量）竞争中的均衡支付；Π_i^{P}（Π_i^{Q}）为当参与人 i 的策略变量为价格（产量）而参与人 j 的策略变量为产量（价格），且两个参与人同时确定策略变量水平时参与人 i 的均衡支付。

给定上述独立的内生时机或内生策略变量选择下的选择规则，本节分析在上述线性需求函数和成本函数下，参与人在内生时机之前内生选择策略变量类型的多阶段博弈的均衡。此时整个博弈为一个三阶段博弈：第一阶段两个参与人同时选择策略变量类型——价格或产量；第二阶段两个参与人同时决定基本博弈中的行动时机——先动还是后动；第三阶段参与人按在第二阶段中确定的行动顺序选择其在第一阶段中所选择的策略变量的水平。参与人在每一阶段行动时观测到前一阶段各参与人的行动，整个博弈是一个完美信息的动态博弈，所考察的均衡为子博弈精炼 Nash 均衡（纯策略的）。而且由于给定上述线性需求函数和成本函数，若策略变量类型和行动顺序确定，则策略变量的水平是直接的。因此在以后的分析中仅描述整个博弈在前两阶段的均衡选择结果①。

运用逆向归纳法，先从第三阶段开始，整个博弈有 16 个子博弈起始于第三阶段。给定相应情形下参与人的支付函数［由式（4.1）～式（4.4）给出］，从第三阶段开始的每个子博弈都有唯一的均衡。若两个参与人在第一阶段都选择价格竞争而在第二阶段都选择同时行动，则第三阶段所面临的子博弈即为同时行动的价格竞争，即传统的 Bertrand 竞争，因而有唯一的 Nash 均衡；若两个参与人在第一阶段都选择价格竞争而在第二阶段分别选择先后行动，则第三阶段所面临的子博弈为序贯的价格竞争，因而对于给定的线性需求和成本函数也有唯一的 Stackelberg 均衡。总之，对于上述给定的线性需求和成本函数从第三阶段开始的每个子博弈都有唯一对称的子博弈精炼 Nash 均衡，而且

---

① 注意：本节描述的是博弈的均衡结果，而不是均衡策略。对于多阶段完美信息动态博弈中策略的正式定义请参阅文献[6]（第 3 章）或文献[7]（第 7 章）。

由式（4.1）～式（4.4）其均衡支付可以具体地表达出来。由于在博弈的第三阶段每个参与人的策略空间是连续的，因而无法将整个博弈的扩展式表述出来，但给定第三阶段参与人的支付由其均衡支付代替，整个包含双重内生选择的扩展的博弈可表述为如图 4.2 所示的扩展式[①]。

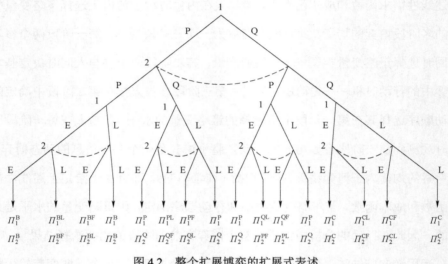

图 4.2　整个扩展博弈的扩展式表述

这里策略变量"P"和"Q"分别表示在基本博弈中选择价格策略和产量策略，"E"和"L"分别表示在基本博弈中先动和后动。对于第三阶段参与人的子博弈均衡支付，下标表示相应的参与人，上标"B"（"C"）则表示在基本博弈中两个参与人选择的策略变量都是价格（都是产量）[②]，上标"P"（"Q"）表示当两个参与人选择不同的策略变量类型时参与人自己的策略变量选择，同

---

① 由于在这个三阶段博弈中，在前两个阶段参与人的行动选择是离散的，而在第三阶段参与人的行动选择是连续的，因此整个博弈无法用扩展式表示出来，而只能将第三阶段的支付由其子博弈均衡支付代替后才能给出其扩展式。

② 本书中，如同在很多文献中一样，Bertrand（或 Cournot）仅仅意味着价格竞争或产量竞争，并不一定总表示传统的同时行动的价格竞争（或产量竞争），在具体的环境下有时也可以表示序贯行动，正如人们有时也将 Stackelberg 模型看作 Cournot 竞争一样。

时第二个上标（若存在）"L"（"F"）表示在序贯博弈中充当领头者（或尾随者）。按此说明，Π_i^{BL}（Π_i^{CL}）表示参与人 i 在价格（产量）竞争中作为领头者时的均衡支付；Π_i^{PL}（Π_i^{QL}）则表示参与人 i 选择价格（产量）策略而参与人 j 选择产量（价格）策略时且参与人 i 作为领头者时参与人 i 的均衡支付。另外，若只有一个上标，则表示同时行动，如 Π_i^B（Π_i^C）表示参与人 i 在传统的同时行动的价格竞争中的均衡支付（Bertrand 均衡支付）；Π_i^P（Π_i^Q）表示参与人 i 选择价格策略（产量策略）而参与人 j 选择产量策略（价格策略）且两个参与人同时行动时参与人 i 的均衡支付。

给定参与人在前两个阶段的选择确定，由参与人利润函数的表达式（4.1）～式（4.4），在第三阶段参与人的子博弈精炼均衡支付是直接的。进一步地，以下给出了参与人在第三阶段的 16 个子博弈的均衡支付：

$$
\begin{cases}
\Pi_i^{B} = \dfrac{A^2}{(2-b)^2} \\[3mm]
\Pi_i^{BL} = \dfrac{A^2(2+b)^2}{8(2-b^2)} \\[3mm]
\Pi_i^{BF} = \dfrac{A^2(4+2b-b^2)^2}{16(2-b^2)^2}
\end{cases}
\tag{4.5}
$$

$$
\begin{cases}
\Pi_i^{C} = \dfrac{A^2(1+b)}{(2+b)^2(1-b)} \\[3mm]
\Pi_i^{CL} = \dfrac{A^2(2-b)^2(1+b)}{8(1-b)(2-b^2)} \\[3mm]
\Pi_i^{CF} = \dfrac{A^2(1+b)(4-2b-b^2)^2}{16(2-b^2)^2(1-b)}
\end{cases}
\tag{4.6}
$$

$$
\begin{cases}
\Pi_i^{\mathrm{P}} = \dfrac{A^2(2+b)^2(1+b)(1-b)}{(4-3b^2)^2} \\[3mm]
\Pi_i^{\mathrm{PL}} = \dfrac{A^2(2+b)^2}{8(2-b^2)} \\[3mm]
\Pi_i^{\mathrm{PF}} = \dfrac{A^2(1+b)(4-2b-b^2)^2}{16(2-b^2)^2(1-b)}
\end{cases}
\qquad (4.7)
$$

$$
\begin{cases}
\Pi_i^{\mathrm{Q}} = \dfrac{A^2(2-b)^2(1+b)^2}{(4-3b^2)^2} \\[3mm]
\Pi_i^{\mathrm{QL}} = \dfrac{A^2(1+b)(2-b)^2}{8(2-b^2)(1-b)} \\[3mm]
\Pi_i^{\mathrm{QF}} = \dfrac{A^2(4+2b-b^2)^2}{16(2-b^2)^2}
\end{cases}
\qquad (4.8)
$$

其中，$A = a - (1-b)c$。注意，由参与人的对称性，在开始于第三阶段的子博弈中，中间 8 个子博弈中前面 4 个和后面 4 个是相同的。

整个博弈起始于第二阶段的子博弈有 4 个，其对应于参与人在第一阶段的选择分别为：两个参与人都选择价格、参与人 1 选择价格而参与人 2 选择产量、参与人 1 选择产量而参与人 2 选择价格、两个参与人都选产量。因此，起始于第二阶段的 4 个子博弈中的第一个（按图 4.2 中从左到右的顺序）实际上是内生时机下的 Bertrand 博弈，第 2 个和第 3 个则为一个参与人选择价格策略而另一个参与人选择产量策略时的内生时机博弈，第 4 个子博弈为内生时机下的 Cournot 博弈。对于其中第 2 个和第 3 个子博弈有以下结论。

命题 4.1 在开始于第二阶段的 4 个子博弈中，其中第 2 个子博弈（即参与人 1 在第一阶段选择价格策略而参与人 2 在第一阶段选择产量策略时所对应的子博弈）的均衡行动顺序为以参与人 2 为领头者的序贯行动。

证明：显然给定参与人在第三阶段的支付由其均衡支付代替，参与人起始于第二阶段的第 2 个子博弈可表述为如图 4.3 所示的 2×2 博弈。

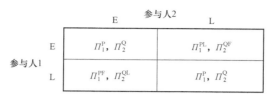

图 4.3　起始于第二阶段的第 2 个子博弈

由式（4.7）

$$\Pi_i^{\text{PL}} - \Pi_i^{\text{P}} = \frac{A^2(2+b)^2 b^4}{8(2-b^2)(4-3b^2)^2} > 0$$

因此

$$\Pi_i^{\text{PL}} > \Pi_i^{\text{P}}$$

同样地

$$\Pi_i^{\text{PF}} - \Pi_i^{\text{P}} = \frac{A^2(1+b)(2-b)b^3}{4(1-b)(2-b^2)(4-3b^2)}\left[\frac{(4-2b-b^2)}{16(2-b^2)^2} + \frac{(2+b)(1-b)}{4-3b^2}\right] > 0$$

即

$$\Pi_i^{\text{PF}} > \Pi_i^{\text{P}}$$

类似可证

$$\Pi_i^{\text{QF}} < \Pi_i^{\text{Q}}, \quad \Pi_i^{\text{QL}} > \Pi_i^{\text{Q}}$$

因此，在这个子博弈中在第二阶段参与人 1 会选择后动而参与人 2 会选择先动。

有了这个准备性的结论，下面给出整个博弈的均衡结果。

命题 4.2　（1）以上参与人在内生时机之前内生选择策略变量类型的博弈有 3 个子博弈精炼 Nash 均衡，与其对应的两个参与人在前两阶段的均衡选择结果为 $[(Q,E),(P,L)]$、$[(P,L),(Q,E)]$ 和 $[(Q,E),(Q,E)]$[①]。

---

① 这里只是给出了子博弈精炼均衡所对应的参与人在前两个阶段的均衡选择结果。其中括号中的第一个小括号内的元素分别表示参与人 1 在前两个阶段的选择，而第二个小括号内的元素分别表示参与人 2 在前两个阶段的选择。例如 $[(Q,E),(P,L)]$ 表示参与人 1 在第一阶段选 Q 第二阶段选 E，而参与人 2 在第一阶段选 P 第二阶段选 L。

（2）以上 3 个子博弈精炼均衡结果等价于 3 种行动顺序的产量竞争，即两种领头者－尾随者式的序贯行动（均衡支付分别为 (Π_1^{CL}, Π_2^{CF}) 和 (Π_1^{CF}, Π_2^{CL})）和同时行动（均衡支付为 (Π_1^C, Π_2^C)）。

证明：（1）参与人在第三阶段的子博弈精炼均衡支付由式（4.5）~式（4.8）给出。首先，求起始于第二阶段的 4 个子博弈在第二阶段的均衡选择结果。由式（4.5）可得 $\Pi_i^{BL} > \Pi_i^B$，且 $\Pi_i^{BF} > \Pi_i^B$，因此第一个子博弈（即对应于两个参与人在第一阶段都选择价格的子博弈）的均衡选择结果（在第一阶段的）为 (E, L) 和 (L, E)[①]。进一步地，该子博弈对应的均衡支付分别为 (Π_1^{BL}, Π_2^{BF}) 和 (Π_1^{BF}, Π_2^{BL})。类似地，由引理 1 及参与人的对称性，起始于第二阶段的第 2 个和第 3 个子博弈在第二阶段的均衡选择结果分别为 (L, E) 和 (E, L)，其对应的均衡支付分别为 (Π_1^{PF}, Π_2^{QL}) 和 (Π_1^{QL}, Π_2^{PF})。又由式（4.6）易证：$\Pi_i^{CL} > \Pi_i^C$，$\Pi_i^{CF} < \Pi_i^C$。因此，起始于第二阶段的第 4 个子博弈在第二阶段的均衡选择结果为 (E, E)，其对应的均衡支付为 (Π_1^C, Π_2^C)。

其次，求参与人在第一阶段的均衡选择结果。给定参与人在第二阶段的均衡选择结果及支付，注意到由式（4.6）、式（4.7）和式（4.8），$\Pi_i^{QL} = \Pi_i^{CL}$ 且 $\Pi_i^{PF} = \Pi_i^{CF}$。同时由式（4.5）和式（4.6）易证 $\Pi_i^{CL} > \Pi_i^{BF}$，$\Pi_i^{CF} > \Pi_i^{BL}$，所以（1）得证。

（2）由（1）的证明 $\Pi_i^{QL} = \Pi_i^{CL}$ 且 $\Pi_i^{PF} = \Pi_i^{CF}$，因此（2）是显然的。

以上结论是直观的，与产量竞争相比，价格竞争带给企业的利润要低，因此在企业的内生策略变量选择下，价格竞争不构成均衡结果。另外，在 3 种行动顺序的产量竞争中，没有任何一个均衡结果是占优的，因此在参与人关于策略变量类型和行动顺序的双重内生选择下，3 种结果都可能作为均衡结果出现。

---

① 这里类似于第 79 页的注释①，括号中的第一个元素表示参与人 1 在第二阶段的选择，而第二个元素表示参与人 2 在第二阶段的选择。

4.3　内生时机之后选择策略变量类型时博弈的均衡

本节考察在 4.2 节中给定的需求函数和成本函数下，参与人在内生时机之后内生选择策略变量类型时博弈的均衡。此时，整个三阶段博弈按以下顺序进行：在博弈的第一阶段，两个参与人同时选择在基本博弈中的行动时机——先动还是后动；在第二阶段，观测到两个参与人在第一阶段的选择，两个参与人同时选择自己的策略变量类型——价格竞争还是产量竞争；在第三阶段，观测到前两个阶段的选择，两个参与人按第一阶段确定的行动顺序确定自己选择的策略变量的水平。类似于 4.2 节，给定第三阶段的子博弈由其均衡支付代替，整个博弈可表述为如图 4.4 所示的扩展式。

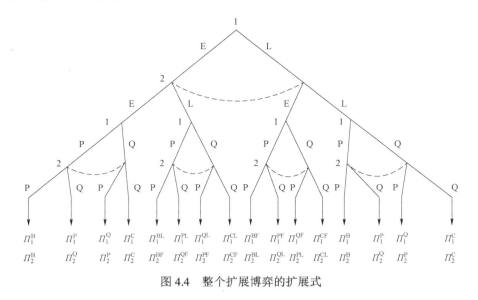

图 4.4　整个扩展博弈的扩展式

运用与 4.2 节相同的方法，对于上述参与人在内生时机之后内生选择策略变量类型的博弈有以下结论。

命题 4.3 （1）上述参与人在内生时机之后内生选择策略变量类型的博弈有 6 个子博弈精炼 Nash 均衡，其对应的参与人在前两阶段的均衡选择结果为 $[(E,Q),(E,Q)]$，$[(L,Q),(L,Q)]$，$[(E,Q),(L,P)]$，$[(E,Q),(L,Q)]$，$[(L,P),(E,Q)]$ 及 $[(L,Q),(E,Q)]$[①]。

（2）6 个子博弈精炼均衡的结果也等价于 3 种顺序的产量竞争博弈，即同时行动的产量竞争［均衡支付为 (Π_1^C, Π_2^C)］和两种序贯行动的产量竞争［均衡支付为 (Π_1^{CL}, Π_2^{CF}) 及 (Π_1^{CF}, Π_2^{CL})］[②]。

证明： 运用逆向归纳法，分析完全类似于命题 4.2。这里只证结论（1），结论（2）是显然的。

首先，注意到不同情形下起始于第三阶段的子博弈均衡支付仍然可以由式（4.5）～式（4.8）给出。其次，在起始于第二阶段的 4 个子博弈中第 1 个和第 4 个是相同的。由参与人的对称性，第 2 个和第 3 个子博弈是对称的，因此只需分析其中一个。由式（4.5）～式（4.8）易证下述关系成立 $\Pi_i^C > \Pi_i^Q > \Pi_i^B > \Pi_i^P$，因此起始于第二阶段的第 1 个和第 4 个子博弈中两个参与人在第二阶段的均衡选择都为 (Q,Q)。另外，易证 $\Pi_i^{CL} > \Pi_i^{BL}$ 及 $\Pi_i^{CF} > \Pi_i^{BF}$，因此第 2 个子博弈在第二阶段的均衡选择为 (Q,P) 及 (Q,Q)。类似地，第 3 个子博弈在第二阶段的均衡选择为 (P,Q) 及 (Q,Q)。最后，由于 $\Pi_i^{QL} = \Pi_i^{CL}$，$\Pi_i^{PF} = \Pi_i^{CF}$，因此参与人在第一阶段的每个时机选择组合都可能成为均衡结果。所以结论得证。

这一结论和命题 4.2 表明，当参与人分别在内生时机之前和之后选择策略变量时，虽然所得到的子博弈精炼均衡和均衡个数都是不同的，但均衡结果是

---

① 符号表示的含义类似于第 79 页的注释①。

② 具体地，前两个子博弈精炼均衡结果为同时行动的产量竞争，中间两个子博弈精炼均衡的结果为以参与人 1 为领头者的产量竞争，而后两个子博弈精炼均衡的结果是以参与人 2 为领头者的产量竞争。

相同的，即当策略变量类型和行动时机都由参与人内生确定时，价格竞争不可能成为均衡结果，而每种行动顺序的数量竞争都可能成为均衡结果。这一结论从理论上为 Stackelberg 对 Cournot 模型的质疑提供了辩护，它表明与序贯行动的产量竞争（Stackelberg 竞争）一样，同时行动的产量竞争（Cournot 竞争）也是可能存在的。实际上它为现实中不同竞争形式的产量竞争提供了存在的理由，同时也说明了价格竞争的激烈性会带给参与人较低的利润，参与人总是会尽量避免价格战（即价格竞争）。

4.4　本　章　小　结

本章研究了线性需求函数和成本函数下参与人在双重内生选择下——参与人的行动顺序和策略变量类型都由参与人内生确定时，双寡头博弈的均衡。分析表明，在线性需求函数和成本函数下，当行动顺序及策略变量类型都由参与人内生决定时，无论参与人是在内生确定行动顺序之前还是在内生确定行动顺序之后决定策略变量类型，均衡结果是相同的，都是 3 种可能行动顺序的产量竞争：分别以两个参与人为领头者的领头者–尾随者式的序贯行动和同时行动的产量竞争。这一结论说明，在参与人有充分的选择自由的情况下，参与人会避免价格竞争。这是因为与产量竞争相比，价格竞争的激烈性使得参与人的利润更低。从理论上讲，这一结论为 Stackelberg 对 Cournot 模型的质疑提供了辩护，它表明与序贯行动的产量竞争（Stackelberg 竞争）一样，同时行动的产量竞争（Cournot 竞争）也是可能存在的。从实际上讲，它解释了现实中产量竞争模式的多样性，也说明了现实中企业为什么总是尽量避免价格战。

第 5 章　内生时机在多阶段 R&D 博弈中的应用

本章主要研究在企业先进行 R&D（研发）活动后进行产品市场竞争的多阶段博弈中，当企业的 R&D 顺序由企业内生决定，且产品市场上分别为价格竞争和产量竞争时的均衡，并将产品市场为不同竞争形式时的均衡进行了比较[①]。本章共 5 节：5.1 节提出问题；5.2 节研究内生 R&D 时机下企业先进行 R&D 后在产品市场进行 Bertrand 竞争的多阶段博弈的均衡；5.3 节研究内生 R&D 时机下企业先进行 R&D 后在产品市场进行 Cournot 竞争的多阶段博弈的均衡；5.4 节对内生 R&D 时机下，在企业先进行 R&D 后在产品市场进行竞争的多阶段博弈中，产品市场为不同竞争形式时的均衡进行了比较；5.5 节为小结。

5.1　问 题 提 出

内生时机观点由于更符合实际而受到广泛重视，作为一种革新性的观点，

---

① 这种企业先进行 R&D 活动后进行产品市场竞争的多阶段博弈在以后的讨论中记为 R&D/产品市场竞争博弈。

内生时机观点虽然起始于对内生时机下价格竞争和产量竞争的研究，但其研究范围绝非仅限于简单的产量或价格竞争中。现实中，企业之间的博弈也绝非仅限于产品市场上的产量竞争和价格竞争，往往不仅包括产品市场的竞争还包括其他方面的竞争与较量。这种企业间多方面竞争与较量的一个典型例子是企业为了使其产品在产品市场上更具竞争力，在产品市场竞争之前往往会进行一定的 R&D 活动。在这种企业间既存在 R&D 竞争又存在产品市场竞争的博弈中，由于产品市场竞争与企业的 R&D 活动相互影响，其均衡结果往往不同于单一产品市场竞争或单一 R&D 竞争时的均衡。

对这种企业间既存在 R&D 竞争又存在产品市场竞争的博弈，已有研究主要是从两个方面进行的：一方面主要研究不同的 R&D 组织形式和外溢形式对均衡 R&D 水平及企业收益的影响[99-105]，另一方面则主要研究产品市场上不同竞争形式时整个博弈均衡的差异性[73-75,106-107]。两类已有研究表明 R&D 活动的组织形式及目的、R&D 外溢形式、R&D 成本函数和产品市场上的竞争形式等都对均衡结果具有重要影响。

上述第二个方面的研究实质上是考察在存在 R&D 竞争的动态环境中价格与产量两种竞争形式的相对效率。在这一类的已有研究中，为了对两种不同竞争形式下的比较有具体结果往往假定企业的外溢水平是相同的，且企业的 R&D 成本函数多为给定的二次成本函数。现实中进行 R&D 活动的企业为了保护自己的 R&D 成果不被竞争对手利用，常常会进行各种保密工作，尽量减少自己的外溢。企业的这种保密行为会使即使在产品市场上对称的企业，在外溢水平上也具有一定的差异性。

另外，上述对既存在 R&D 竞争又存在产品市场竞争的多阶段博弈的已有研究中都假定企业的 R&D 竞争和产品市场竞争是分别在两阶段内同时进行的，即整个博弈为一个两阶段博弈，每个阶段内企业的行动顺序为外生给定的同时行动。已有关于序贯投资的研究往往也多是在不确定性的专利竞赛模型中外生给定博弈的行动顺序，重点是探寻市场结构的变化[108-111]。正如内生时机观点强调的，企业对行动时机的选择往往是由其利益决定的，现实中不同企业的 R&D 活动往往并非同时进行，有些企业倾向于在 R&D 活动中先发制人，而有些企业则倾向于先观测别人的行动，然后再根据别人的行动采取行动。

因此，在已有研究的基础上，本章在非对称外溢和一般的 R&D 成本函数下，考察了既存在 R&D 活动又存在产品市场竞争的多阶段双寡头博弈中当企业的 R&D 活动顺序由企业内生决定，且产品市场竞争分别为 Bertrand 竞争和 Cournot 竞争时的均衡，并对产品市场上不同竞争形式的均衡进行了比较。

5.2 内生 R&D 时机下 R&D/Bertrand 竞争的多阶段博弈的均衡

在 R&D/产品市场竞争的多阶段博弈中，很多因素都可能影响内生 R&D 时机下的均衡，如 R&D 活动的组织形式、R&D 的功能、R&D 外溢的水平、R&D 成本函数、产品市场上的竞争形式、产品市场上的需求函数和成本函数等。本节讨论的 R&D/产品市场竞争博弈中假设企业在第一阶段的 R&D 活动是完全竞争的，R&D 活动以确定的形式减少企业的单位生产成本；企业在产品市场上的竞争是同时进行的，且代表性消费者的效用函数为 $u(q_1,q_2) = a(q_1 + q_2) - 0.5(q_1^2 + 2bq_1q_2 + q_2^2)$，其中 q_i 为企业 i 的产量（$i=1,2$），$b \in (0,1)$，是产品的差异程度。在此效用函数下市场逆需求函数为

$$p_i = a - q_i - bq_j \tag{5.1}$$

其中，$i,j=1,2$，$i \neq j$；a 为初始需求；c 为初始单位生产成本，且 $a > c$。

在式（5.1）给出的逆需求系统下市场的需求函数为

$$q_i = \frac{a(1-b) - p_i + bp_j}{1-b^2} \qquad (5.2)$$

另外，不同于以往的研究，本章的研究中企业的外溢水平是不同的，且企业的 R&D 顺序由企业内生确定。假设企业 i 的初始单位生产成本相同且都为 c，R&D 活动以确定的形式减少初始单位生产成本，R&D 成本函数为：$f_i(\cdot):[0,\infty) \to [0,c]$，其中 $i=1,2$；假设两企业的外溢水平分别为 β_1 和 β_2，$\beta_i \in [0,1]$，$\beta_i = 0$ 表示 R&D 为完全专用的，$\beta_i = 1$ 表示 R&D 为完全公用品。在以上假设下，若企业 i 的 R&D 投入为 $f_i(x_i)$，则其有效的单位成本减少量为 $x_i + \beta_j x_j$，$i,j = 1,2$，$i \neq j$，其中 x_i 为自身的 R&D 投入带来的单位成本减少量，而 $\beta_j x_j$ 为对手 R&D 投入的外溢带来的单位成本减少量。值得说明的是，这里即使企业内生选择在 R&D 阶段序贯行动，仍然假设外溢是双向的，这是因为外溢不仅体现了企业自身的保密程度，更体现了企业在 R&D 活动上的交叉学习机会。当企业序贯 R&D 时，这种双向外溢可以理解为企业先进行 R&D 决策，当两企业的 R&D 决策都确定后实际的 R&D 活动才会发生。

在内生的 R&D 顺序下，企业之间既包含 R&D 竞争又包含产品市场竞争的博弈分为 3 个大的阶段。首先，在第一阶段企业内生确定 R&D 阶段的行动顺序，其内生确定 R&D 顺序的行动规则为第 2 章中所介绍的可观测延迟的内生时机（关于这种内生时机的具体行动规则，请参阅 2.2 节，这里不再详述）。其次，在第二阶段，观测到内生确定的 R&D 阶段的行动顺序，企业按这种行动顺序进行 R&D 投资。事实上，若企业内生确定在 R&D 阶段序贯行动，该阶段便包括两个 R&D 阶段。最后，在第三阶段，观测到关于行动顺序和具体 R&D 支出水平的决策后，企业在产品市场上同时进行价格竞争和产量竞争。由于企业在每阶段行动时可以观测到之前阶段的所有行动，给定企业在 R&D 阶段的行动顺序确定，若企业 i 在 R&D 阶段的投入为 $f_i(x_i)$，则当产品市场分别为价格竞争和产量竞争时企业在产品市场上的策略分别为 $p_i(x_i, x_j)$ 和 $q_i(x_i, x_j)$，整个博弈为完美信息的动态博弈，其均衡为子博弈精炼 Nash 均衡。

在上述内生机制下，所有可能的均衡对应于 R&D 阶段的 3 种不同的行动顺序，分别为同时行动和两种领头者–尾随者式的序贯行动。无论产品市场是进行价格竞争还是产量竞争，记企业在 R&D 阶段选择同时行动时所对应的后续基本两阶段博弈为 G，而在 R&D 阶段选择以 i 为领头者的序贯行动时所对应的后续基本博弈为 G_i $(i = 1, 2)$。因此 G_i 是一个包含序贯 R&D 和产品市场竞争的三阶段博弈。记博弈 G 中两企业的均衡 R&D 水平为 $(x_i^{\mathrm{N}}, x_j^{\mathrm{N}})$，产品市场上为 Bertrand 竞争（Cournot 竞争）时的均衡价格（产量）为 $(p_i^{\mathrm{N}}, p_j^{\mathrm{N}})$（$(q_i^{\mathrm{N}}, q_j^{\mathrm{N}})$）。同时记博弈 G_i 中两企业的均衡 R&D 水平为 $(x_i^{\mathrm{L}}, x_j^{\mathrm{F}})$，产品市场上为 Bertrand 竞争（Cournot 竞争）时的均衡价格（产量）为 $(p_i^{\mathrm{L}}, p_j^{\mathrm{F}})$（$(q_i^{\mathrm{L}}, q_j^{\mathrm{F}})$）[①]。

下面分别研究内生的 R&D 顺序下当产品市场分别为 Bertrand 竞争和 Cournot 竞争时上述博弈的均衡，并对产品市场为不同竞争形式时的结果进行比较。

首先考虑产品市场为 Bertrand 竞争的情形。由上述关于基本模型的介绍，当产品市场上为 Bertrand 竞争时，给定企业在 R&D 阶段的行动顺序确定，若企业 i 在 R&D 阶段的投入为 $f_i(x_i)$，其中 $x_i \in [0, c]$，在产品市场上的价格为 p_i，则企业 i 在产品市场竞争时面临的收益函数为

$$\pi_i^{\mathrm{B}}(x_i, x_j, p_i, p_j) = \frac{a(1-b) - p_i + bp_j}{1 - b^2}[p_i - (c - x_i - \beta_j x_j)] - f_i(x_i)$$

由于企业在产品市场上行动时可以完全观测到之前阶段的所有行动且产

品市场上企业是同时行动的，运用逆向归纳法及一阶条件 $\dfrac{\partial \pi_i}{\partial p_i}=0$ ，得企业 i 在产品市场上的定价策略 $p_i(x_i,x_j)$ 为

$$p_i(x_i,x_j)=\frac{[a(1-b)+c](2+b)-(2+b\beta_i)x_i-(b+2\beta_j)x_j}{4-b^2} \qquad (5.3)$$

因此若内生时机结果确定两企业在 R&D 阶段同时行动，即参与人之间进行基本博弈 G ，则企业 i 在 R&D 阶段的收益函数为

$$\pi_i^{\mathrm{B}}(x_i,x_j)=\frac{1}{1-b^2}\left[\frac{(2+b)(1-b)(a-c)+(2-b^2-b\beta_i)x_i+(\beta_j(2-b^2)-b)x_j}{4-b^2}\right]^2-f_i(x_i)$$

$$(5.4)$$

若内生时机结果确定企业在 R&D 阶段进行以 i 为领头者的序贯 R&D，即参与人之间进行基本博弈 G_i ，则由式（5.4）可知此时参与人 j 在 R&D 阶段的反应函数 $r_j:[0,c]\to[0,c]$ 由 $\dfrac{\partial \pi_j^{\mathrm{B}}(x_i,x_j)}{\partial x_j}=0$ 确定，具体地

$$r_j(x_i)=\underset{x_j}{\arg\max}\,\pi_j^{\mathrm{B}}(x_i,x_j)$$

因此，此时参与人 i 在 R&D 阶段的利润函数为

$$\pi_i^{\mathrm{B}}(x_i,r_j(x_i))$$
$$=\frac{1}{1-b^2}\left[\frac{(2+b)(1-b)(a-c)+(2-b^2-b\beta_i)x_i+(\beta_j(2-b^2)-b)r_j(x_i)}{4-b^2}\right]^2-f_i(x_i)$$

为了分析内生时机下的均衡行动顺序，给出以下基本假设。

假设 1　$f_i(\cdot)$ 为严格递增的二次连续可微函数，且 $f_i(0)=0$ 。

假设 2　$a(2-b-b^2)-c(2-b^2)(1-\beta_i)>0$ 。

假设 3　$f_i'(0)<\dfrac{2}{1-b^2}\cdot\dfrac{2-b\beta_i-b^2}{(4-b^2)^2}[a(2-b-b^2)-c(2-b^2)(1-\beta_j)]$ ，

$$f_i'\left(\frac{(1-\beta_j)c}{1-\beta_i\beta_2}\right) > \frac{2a(2-b\beta_i-b^2)}{(1+b)(2+b)(2-b)^2}, \quad f_i'(c) = \infty。$$

假设 4 对于 $\forall x \in [0,c]$，$f_i''(x) > \dfrac{2}{1-b^2}\left(\dfrac{2-b\beta_i-b^2}{4-b^2}\right)^2$。

下面逐一对以上假设进行说明。假设 1 是平凡的。假设 2 其实只有在 $\beta_i(2-b^2)-b<0$ 时才是必要的，它要求初始需求足够大是为了保证在产品市场上所有企业都会进行生产，即产品市场上的内点解存在。事实上，由式（5.2）和式（5.3）可得，当产品市场为 Bertrand 竞争时企业 i 在产品市场上的产量为

$$q_i(x_i,x_j) = \frac{(a-c)(2-b-b^2) + (2-b^2-b\beta_i)x_i + [\beta_j(2-b^2)-b]x_j}{(1-b^2)(4-b^2)}$$

显然，$q_i(x_i,x_j)$ 关于 x_i 总是递增的。当 $\beta_i(2-b^2)-b>0$ 时，$q_i(x_i,x_j)$ 关于 x_j 也是递增的，因而此时对于任意的 $x_i \in [0,c]$ 都有 $q_i(x_i,x_j)>0$；当 $\beta_i(2-b^2)-b<0$ 时，$q_i(x_i,x_j)$ 关于 x_j 是递减的，因此此时只要 $q_i(0,c)>0$ 就有 $q_i(x_i,x_j)>0$，而假设 2 保证了 $q_i(0,c)>0$。假设 3 实质上是 Inada 条件，它要求当 R&D 投入较小时，R&D 边际成本增长的速度较小，而当 R&D 投入较大时边际成本会快速增长。这是符合现实的。现实中当企业的生产效率较低时往往很容易减少生产成本，而当企业的生产成本本身已经很小时往往就很难再减少了。假设 4 要求 R&D 成本函数足够凸，是为了保证企业在 R&D 阶段所面临的利润函数满足一定的凹性条件，从而不至于使企业在 R&D 阶段后的边际成本为零或负值。假设 3 和假设 4 共同保证了在 R&D 阶段所有的企业都会进行 R&D 活动，即 R&D 阶段的均衡存在。

另外，关于参与人 i 在基本博弈 G 和 G_i 中的支付，一个直接的结论便是参与人 i 在以自己为领头者的序贯博弈 G_i 中的均衡支付不小于其在同时行动的博弈 G 中的均衡支付，即博弈中参与人的 Stackelberg 领头者支付不小于其 Nash 均衡支付。

有了上述基本模型及假设，当产品市场为 Bertrand 竞争时关于上述多阶段博弈首先有以下关于解的存在性结论。

命题 5.1　在假设 1～假设 4 下，上述基本博弈 G 和 G_i 中的解存在。

证明：首先，注意到参与人有效的策略空间为

$$X = \{(x_1, x_2) \mid x_1 + \beta_2 x_2 \leqslant c, x_2 + \beta_1 x_1 \leqslant c, x_i \geqslant 0, i = 1, 2\}$$

其次，由式（5.4）有

$$\frac{\partial \pi_i^{\mathrm{B}}(x_i, x_j)}{\partial x_i}$$

$$= \frac{2(2 - b^2 - b\beta_i)}{(1 - b^2)(4 - b^2)} \cdot \frac{(2 + b)(1 - b)(a - c) + (2 - b^2 - b\beta_i)x_i + (\beta_j(2 - b^2) - b)x_j}{4 - b^2} - f_i'(x_i)$$

$$(5.5)$$

所以

$$\frac{\partial \pi_i^{\mathrm{B}}(0, x_j)}{\partial x_i} = \frac{2(2 - b^2 - b\beta_i)}{(1 - b^2)(4 - b^2)} \cdot \frac{(2 + b)(1 - b)(a - c) + (\beta_j(2 - b^2) - b)x_j}{4 - b^2} - f_i'(0)$$

由假设 3，显然有 $\dfrac{\partial \pi_i^{\mathrm{B}}(0, x_j)}{\partial x_i} > 0$，同理 $\dfrac{\partial \pi_i^{\mathrm{B}}(c, x_j)}{\partial x_i} < 0$，又因为 $\pi_i^{\mathrm{B}}(x_i, x_j)$

在策略空间上连续，所以基本博弈 G 中解存在。又因为上述有效的策略空间为紧的，所以基本博弈 G_i 中的解也存在[95]。

关于参与人的最优反应函数 $r_i(x_j) = \underset{x_i}{\arg\max}\, \pi_i^{\mathrm{B}}(x_i, x_j)$ 有以下单调性结论。

命题 5.2　（1）若 $\beta_i < \dfrac{b}{2 - b^2}$，$i = 1, 2$，则 $r_i(\cdot)$ 为严格递减的。

（2）若 $\beta_i > \dfrac{b}{2 - b^2}$，$i = 1, 2$，则 $r_i(\cdot)$ 在 $[0, \overline{x}_j]$ 上严格递增，在 $[\overline{x}_j, c]$ 上

$r_i(x_j) = c - \beta_j x_j$，从而严格递减，且 $r_i(\cdot)$ 的曲线总在曲线 $x_i = \overline{x}_i$ 之下，即对于任

意的 x_j，$r_i(x_j) < \bar{x}_i$，其中 $\bar{x}_i = \dfrac{(1-\beta_j)c}{1-\beta_1\beta_2}$ [①]。

（3）若 $\beta_i > \dfrac{b}{2-b^2} > \beta_j$ $i,j = 1,2, i \neq j$，则 $r_i(\cdot)$ 严格递减，$r_j(\cdot)$ 在 $[0, \bar{x}_j]$ 上

严格递增，在 $[\bar{x}_j, c]$ 上 $r_i(x_j) = c - \beta_j x_j$，从而严格递减。

证明：（1）由式（5.4）有

$$\frac{\partial^2 \pi_i^B(x_i, x_j)}{\partial x_i^2} = \frac{2}{(1-b^2)}\left[\frac{(2-b^2-b\beta_i)}{(4-b^2)}\right]^2 - f_i'(x_i) < 0$$

$$\frac{\partial^2 \pi_i^B(x_i, x_j)}{\partial x_i \partial x_j} = \frac{2(2-b^2-b\beta_i)}{(1-b^2)(4-b^2)^2}\left[\beta_j(2-b^2)-b\right]$$

因此，当 $\beta_i < \dfrac{b}{2-b^2}$ 时，$\dfrac{\partial^2 \pi_i^B(x_i, x_j)}{\partial x_i \partial x_j} < 0$，所以在 $(r_i(x_j), x_j)$ 处

$$r_i'(\cdot) = -\frac{\partial^2 \pi_i^B(x_i, x_j)/\partial x_i \partial x_j}{\partial^2 \pi_i^B(x_i, x_j)/\partial x_i^2} < 0$$

即结论（1）成立。

（2）若 $\beta_i > \dfrac{b}{2-b^2}$，则显然 $r_i(\cdot)$ 先递增，当到达边界直线的交点时，在

$[\bar{x}_j, c]$ 上，$r_i(x_j) = c - \beta_j x_j$，从而严格递减。另外，由于 $r_i(\cdot)$ 先增后减，所以

其在 $x_j = \bar{x}_j$ 处达到最大值。所以要证明对于任意的 x_j，$r_i(x_j) < \bar{x}_i$，只需证明

$r_i(\bar{x}_j) < \bar{x}_i$。因为 $\dfrac{\partial \pi_i^B(r_i(\bar{x}_j), \bar{x}_j)}{\partial x_i} = 0$，而

$$\frac{\partial \pi_i^B(\bar{x}_i, \bar{x}_j)}{\partial x_i} = \frac{2a(2-b^2-b\beta_i)(2-b-b^2)}{(1-b^2)(4-b^2)^2} - f_i'\left(\frac{(1-\beta_j)c}{1-\beta_1\beta_2}\right)$$

所以由假设 3

---

① $x_i = \bar{x}_i$ 由方程组 $\begin{cases} x_1 + \beta_2 x_2 = c \\ x_2 + \beta_1 x_1 = c \end{cases}$ 确定，其实质是一个边界条件。

$$\frac{\partial \pi_i^{\mathrm{B}}(\overline{x}_i, \overline{x}_j)}{\partial x_i} < \frac{\partial \pi_i^{\mathrm{B}}(r_i(\overline{x}_j), \overline{x}_j)}{\partial x_i}$$

而 $\dfrac{\partial^2 \pi_i^{\mathrm{B}}(x_i, x_j)}{\partial x_i^2} < 0$，所以 $r_i(\overline{x}_j) < \overline{x}_i$，即（2）得证。

（3）由结论（1）和（2）的证明，结论（3）是显然的。

有了上述关于反应函数单调性的证明，下面给出本节的主要结论。

命题 5.3　（1）若 $\beta_i < \dfrac{b}{2-b^2}, i=1,2$，则企业在 R&D 阶段的内生时机结果为同时行动，即 R&D/Bertrand 竞争的均衡结果为博弈 G。

（2）若 $\beta_i > \dfrac{b}{2-b^2}, i=1,2$，则企业在 R&D 阶段的内生时机结果为两种序贯行动，即 R&D/Bertrand 竞争的均衡结果为博弈 G_1 和 G_2。

（3）若 $\beta_i > \dfrac{b}{2-b^2} > \beta_j$，$i,j=1,2, i \neq j$，则企业在 R&D 阶段的内生时机结果为以企业 j 为领头者的序贯行动，即 R&D/Bertrand 竞争的均衡行动结果为博弈 G_j。

证明：（1）若 $\beta_i < \dfrac{b}{2-b^2}$，$i=1,2$，则由式（5.4）有

$$\frac{\partial \pi_i^{\mathrm{B}}(x_i, x_j)}{\partial x_j} < 0$$

又因为

$$\pi_i^{\mathrm{B}}(x_i^{\mathrm{L}}, x_j^{\mathrm{F}}) \geqslant \pi_i^{\mathrm{B}}(x_i^{\mathrm{N}}, x_j^{\mathrm{N}}) \geqslant \pi_i^{\mathrm{B}}(x_i^{\mathrm{L}}, x_j^{\mathrm{N}})$$

其中，第一个不等式是由于 Stackelberg 领头者的支付大于 Nash 均衡支付，第二个不等式是由 Nash 均衡的性质得到的[①]，因此 $x_j^{\mathrm{F}} \leqslant x_j^{\mathrm{N}}$，即 $r_j(x_i^{\mathrm{L}}) \leqslant r_j(x_i^{\mathrm{N}})$。又由命题 5.2 的结论（1），$r_j(\cdot)$ 为严格递减的，所以 $x_i^{\mathrm{L}} \geqslant x_i^{\mathrm{N}}$。所以

$$\pi_i^{\mathrm{B}}(x_i^{\mathrm{N}}, x_j^{\mathrm{N}}) \geqslant \pi_i^{\mathrm{B}}(x_i^{\mathrm{F}}, x_j^{\mathrm{N}}) \geqslant \pi_i^{\mathrm{B}}(x_i^{\mathrm{F}}, x_j^{\mathrm{L}})$$

其中，第一个不等式也是由 Nash 均衡的性质得到的，而第二个不等式是

---

① 相应上标的含义见第 88 页脚注。

因为 $\dfrac{\partial \pi_i^B(x_i, x_j)}{\partial x_j} < 0$，即 $\pi_i^B(x_i^N, x_j^N) \geqslant \pi_i^B(x_i^F, x_j^L)$，所以由第 2 章中关于内生时机的图 2.1，显然均衡结果为博弈 G。

（2）若 $\beta_i > \dfrac{b}{2-b^2}$，$i = 1,2$，则由式（5.4）有

$$\frac{\partial \pi_i^B(x_i, x_j)}{\partial x_j} > 0$$

而 $r_i(\cdot)$ 在 $[0, \bar{x}_j]$ 上严格递增且对于任意的 $x_j, r_i(x_j) < \bar{x}_i$。又由于

$$\pi_i^B(x_i^L, x_j^F) \geqslant \pi_i^B(x_i^N, x_j^N) \geqslant \pi_i^B(x_i^L, x_j^N)$$

所以 $x_j^F \geqslant x_j^N$，即 $r_j(x_i^L) \geqslant r_j(x_i^N)$，所以 $x_i^L \geqslant x_i^N$。故

$$\pi_i^B(x_i^F, x_j^L) \geqslant \pi_i^B(x_i^N, x_j^L) \geqslant \pi_i^B(x_i^N, x_j^N)$$

即 $\pi_i^B(x_i^F, x_j^L) \geqslant \pi_i^B(x_i^N, x_j^N)$。同理由第 2 章中的关于内生时机的图 2.1，显然均衡结果为博弈 G_1 和 G_2。

（3）若 $\beta_i > \dfrac{b}{2-b^2} > \beta_j$，$i, j = 1, 2, i \neq j$，则对于 i 的分析类似于结论（2）中的证明，而对于 j 的分析类似于结论（1）中的证明，即有 $\pi_i^B(x_i^F, x_j^L) \geqslant \pi_i^B(x_i^N, x_j^N)$，而 $\pi_j^B(x_i^N, x_j^N) \geqslant \pi_j^B(x_i^L, x_j^F)$，所以均衡结果为博弈 G_j。

上述结果表明，在内生的 R&D 顺序下，上述多阶段博弈的均衡行动顺序与 R&D 效率无关，而只与外溢水平和产品的差异程度相关。当两企业的外溢水平都较小时，两企业都偏好于做领头者，并且宁愿同时行动也不愿做尾随者，因此此时企业在 R&D 阶段都会选择先动而最终导致同时行动；当两企业的外溢水平都较大时，企业的尾随者支付高于其 Nash 均衡支付，因此此时会导致两种序贯行动；当一个企业的外溢水平低于 $\dfrac{b}{2-b^2}$，而另外一个企业的外溢水平高于 $\dfrac{b}{2-b^2}$ 时，低外溢水平的企业宁愿同时行动也不愿充当尾随者，而高外溢水平的企业宁愿做尾随者也不愿同时行动，最终导致以低外

溢水平的企业为领头者的序贯行动。这说明外溢水平在决定企业的行动顺序时起着至关重要的作用，是符合现实的。

进一步地，当外溢水平较大时基本博弈中的均衡 R&D 水平、价格、产量和社会总福利水平有以下结论。

推论 5.1　若 $\beta_i > \dfrac{b}{2-b^2}, i = 1, 2$，则

（1）$X(G_i) \geq X(G)$，其中 $X(G_i) = x_i^{\mathrm{L}} + x_j^{\mathrm{F}}$，$X(G) = x_i^{\mathrm{N}} + x_j^{\mathrm{N}}$，分别表示基本博弈 G_i 和 G 中的均衡 R&D 总水平。

（2）$p_i(G_i) \leq p_i(G)$，$p_j(G_i) \leq p_j(G)$；$q_i(G_i) \geq q_i(G)$，$q_j(G_i) \leq q_j(G)$，即每个企业在基本博弈 G_i 中的价格（产量）都小于（大于）其在 G 中的价格（产量）。

（3）$W(G_i) \geq W(G)$，$i = 1, 2$，其中 $W(G_i)$ 表示基本博弈 G_i 中的社会总福利，它等于消费者剩余和生产者利润之和。

证明：（1）由命题 5.3 的证明，若 $\beta_i > \dfrac{b}{2-b^2}, i = 1, 2$，则 $x_j^{\mathrm{F}} \geq x_j^{\mathrm{N}}$，$x_i^{\mathrm{L}} \geq x_i^{\mathrm{N}}$，所以（1）显然成立。

（2）由式（5.3）企业的均衡定价策略 $p_i(x_i, x_j)$ 关于 x_i 和 x_j 递减，而由式（5.2）和式（5.3），当产品市场为 Bertrand 竞争时均衡处企业的产量为

$$q_i = \frac{(a-c)(2-b-b^2) + (2-b^2-b\beta_i)x_i + \left[\beta_j(2-b^2)-b\right]x_j}{(1-b^2)(4-b^2)}$$

显然对于任意的 b，$\beta_i \in (0, 1)$，有 $2-b^2-b\beta_i > 0$，即 $q_i(x_i, x_j)$ 关于 x_i 为递增的；而当 $\beta_i > \dfrac{b}{2-b^2}, i = 1, 2$ 时，显然 $q_i(x_i, x_j)$ 关于 x_j 也是递增的，所以由结论（1）知结论（2）成立。

（3）由于社会总福利为消费者剩余和生产者利润之和，即

$$W = u(q_1, q_2) - p_1q_1 - p_2q_2 + \pi_1 + \pi_2$$
$$= 0.5(q_1^2 + 2bq_1q_2 + q_2^2) + \pi_1 + \pi_2$$

显然消费者剩余 $0.5(q_1^2 + 2bq_1q_2 + q_2^2)$ 总是关于企业的产量递增的，因此由结论（2）消费者在 G_i 中的消费者剩余要大。又由命题 5.3 的结论（2），当

$\beta_i > \dfrac{b}{2 - b^2}$ 时有 $\pi_i^{L}(x_i^{L}, x_j^{F}) \geqslant \pi_i^{N}(x_i^{N}, x_j^{N})$，且 $\pi_j^{F}(x_i^{L}, x_j^{F}) \geqslant \pi_j^{N}(x_i^{N}, x_j^{N})$，所以博弈 G_i 中的生产者总剩余大于博弈 G 中的生产者总剩余，所以结论（3）成立。

上述结论说明当外溢水平较大时，企业的内生行动结果为序贯行动，而序贯行动所带来的 R&D 水平、社会总福利和企业的利润比同时行动时的相应量都要大[①]。

5.3 内生 R&D 时机下 R&D/Cournot 竞争的多阶段博弈的均衡

类似于产品市场为 Bertrand 竞争的情形，当产品市场为 Cournot 竞争时若企业 i 在 R&D 阶段的支出为 $f_i(x_i)$，在产品市场竞争阶段的产量为 q_i，则企业 i 在产品市场竞争阶段的收益函数为

$$\pi_i^{C}(x_i, x_j, q_i, q_j) = \left[a - q_i - bq_j - (c - x_i - \beta_j x_j) \right] q_i - f_i(x_i)$$

因此由产品市场竞争的一阶条件，企业在产品市场竞争时的产量策略为

$$q_i(x_i, x_j) = \frac{(a - c)(2 - b) + (2 - b\beta_i)x_i + (2\beta_j - b)x_j}{(1 - b^2)(4 - b^2)}$$

所以企业 i 在 R&D 阶段的收益函数为

---

① 对于企业的利润显然见命题 4.3 中（2）的证明。

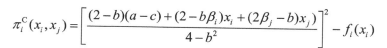

$$\pi_i^C(x_i, x_j) = \left[\frac{(2-b)(a-c) + (2-b\beta_i)x_i + (2\beta_j - b)x_j}{4-b^2}\right]^2 - f_i(x_i)$$

在此收益函数下企业在 R&D 阶段同时行动的一阶条件为

$$2\frac{2-b\beta_i}{4-b^2} \cdot \frac{(2-b)(a-c) + (2-b\beta_i)x_i + (2\beta_j - b)x_j}{4-b^2} = f_i'(x_i) \qquad (5.6)$$

与产品市场为 Bertrand 竞争的情形相对应，当产品市场为 Cournot 竞争时以下假设也是必要的。

假设 1′　$f_i(\cdot)$ 为严格递增的二次连续可微函数，且 $f_i(0) = 0$。

假设 2′　$a(2-b) - 2c(1-\beta_i) > 0$。

假设 3′　$f_i'(0) < \dfrac{2(2-b\beta_i)}{(4-b^2)^2}\left[a(2-b) - 2c(1-\beta_j)\right]$，$f_i'\left(\dfrac{(1-\beta_j)c}{1-\beta_1\beta_2}\right) > \dfrac{2a(2-b\beta_i)}{(2+b)(4-b^2)}$，$f_i'(c) = \infty$。

假设 4′　对于任意的 $x \in [0, c]$，$f_i''(x) > 2\left(\dfrac{2-b\beta_i}{4-b^2}\right)^2$。

上述假设的含义与产品市场为 Bertrand 竞争时的情形完全类似。值得说明的是，产品市场为两种不同竞争形式时的假设并不矛盾，并且在一般条件下是可以同时达到的，如对于假设 4 与假设 4′，若 $\beta_i < \dfrac{b}{2}$，则 $\dfrac{1}{1-b^2}\left(\dfrac{2-b\beta_i - b^2}{4-b^2}\right)^2 > \left(\dfrac{2-b\beta_i}{4-b^2}\right)^2$，所以此时假设 4 实质上包含假设 4′。

由于当产品市场上为 Cournot 竞争时，其分析方法完全类似于产品市场为 Bertrand 竞争的情形，因而本节只给出相应的主要结论，其证明过程不再重复。

内生 R&D 时机下上述 R&D/Cournot 竞争中对应于命题 5.3 的结论如下。

命题 5.4　（1）若 $\beta_i < \dfrac{b}{2}, i = 1, 2$，则企业在 R&D 阶段的内生时机结果为同时行动，即上述 R&D/Cournot 竞争的均衡结果为博弈 G。

（2）若 $\beta_i > \dfrac{b}{2}, i=1,2$ ，则企业在 R&D 阶段的内生时机结果为两种序贯行动，即上述 R&D/Cournot 竞争均衡结果为博弈 G_1 和 G_2。

（3）若 $\beta_i > \dfrac{b}{2} > \beta_j$ ， $i, j=1,2, i \neq j$ ，则企业在 R&D 阶段的内生时机结果为以企业 j 领头者的序贯行动，即上述 R&D/Cournot 竞争均衡行动结果为博弈 G_j。

事实上，当产品市场上为 Cournot 竞争时，不只是对应于命题 5.3 的上述主要结论命题 5.4 成立，对于命题 5.1、5.2 和推论 5.1 也有相应的结论。所不同的是，当产品市场为 Cournot 竞争时，相应的外溢水平的临界值变为 $b/2$。

下面对产品市场上分别为 Bertrand 竞争和 Cournot 竞争的多阶段博弈做一个简单的比较。

5.4 产品市场为不同竞争形式时多阶段博弈均衡的比较

由以上产品市场为不同竞争形式时的多阶段博弈的均衡结果容易看出，当企业在产品市场上的行动顺序为外生同时行动时，而在 R&D 阶段的行动顺序为内生确定时，企业在产品市场上的策略变量的性质（价格或产量）不再是决定均衡行动顺序的关键因素，无论产品市场上为何种竞争形式，企业在 R&D 阶段的均衡行动顺序只由企业的 R&D 外溢水平和产品的差异程度决定，与企业的 R&D 成本函数无关。相对于产品的差异参数，当企业的外溢水平较小时，企业在 R&D 阶段同时行动；当外溢水平较大时企业在 R&D 阶段的均衡行动顺序为两种行动顺序的序贯行动；当一个企业的外溢水平较小而另一个企业的外溢水平较大时，企业在 R&D 阶段的均衡行动顺序为以低外溢水平的企业为领头者的序贯行动。这一结论是直观的，当外溢水平较小时，企业的 R&D 活动的专用性较强，企业的 R&D 活动是策略替代的，因而两企业都偏好于做领头者最终导致了同时行动；当外溢水平都较大时，企业的 R&D 活动公用性较强，企业在 R&D 阶段内的策略是互补的，企业的领头者和尾随者支付均高于其 Nash 均衡支付，导致两种行动顺序的均衡都可能出现；当一个企业的外溢水平较小而另一个企业的外溢水平较大时，小外溢水平的企业因为其 R&D 活动的专用性较强会选择在序贯博弈中先动，而大外溢水平的企业为避免其 R&D 活动被对手无偿使用会选择在序贯博弈中后动。

将产品市场上为不同竞争形式时导致不同内生 R&D 顺序时外溢水平的临界值进行比较不难看出，以下结论是显然的。

命题 5.5 与 R&D/Cournot 竞争相比，R&D/Bertrand 竞争中内生 R&D 时机下产生同时 R&D 的可能性更大。

由于对于任意的产品差异参数 $0 < b < 1$，有 $\dfrac{b}{2-b^2} > \dfrac{b}{2}$，因此上述命题是显然的。

上述结论表明，当产品市场为 Bertrand 竞争时，企业同时 R&D 的可能性更大。这是因为由上面的分析可知，无论产品市场上为何种竞争形式，在序贯 R&D 时两企业的 R&D 投入都比同时 R&D 时大，而大的 R&D 投入会使企业的生产成本更小，从而使产品市场上的价格竞争更激烈。因此当产品市场为 Bertrand 竞争时，企业之间为了避免序贯 R&D 造成的产品市场上的激烈竞争，在参数的更大范围内会选择同时 R&D。

表 5.1 给出了产品市场分别取不同竞争形式时两阶段内及阶段之间，参与人的策略关系（其中 $i, j = 1, 2, i \neq j$）。

表 5.1 产品市场不同竞争形式下参与人阶段内及阶段间策略性质对比

	R&D/Bertrand 竞争	R&D/Cournot 竞争
R&D 阶段内	$\beta_j < \dfrac{b}{2-b^2}$，策略替代 $(r_i'(\bullet)) < 0$ $\beta_j > \dfrac{b}{2-b^2}$，策略互补 $(r_i'(\bullet)) > 0$	$\beta_j < \dfrac{b}{2}$，策略替代 $(r_i'(\bullet)) < 0$ $\beta_j > \dfrac{b}{2}$，策略互补 $(r_i'(\bullet)) > 0$
产品市场阶段	策略互补	策略替代
阶段之间	关于对手策略替代 $\left(\dfrac{\partial p_i}{\partial x_j} < 0\right)$ 关于自身策略替代 $\left(\dfrac{\partial p_i}{\partial x_i} < 0\right)$	$\beta_j < \dfrac{b}{2}$，策略替代 $\left(\dfrac{\partial p_i}{\partial x_j} < 0\right)$ $\beta_j > \dfrac{b}{2}$，策略互补 $\left(\dfrac{\partial p_i}{\partial x_j} > 0\right)$ 关于自身策略互补 $\left(\dfrac{\partial p_i}{\partial x_i} > 0\right)$

由表 5.1 可以看出，当产品市场为 Bertrand 竞争时，无论两企业的外溢参数为多少，阶段之间都是策略替代的，即任何一个企业增加 R&D 会同时减少自己及对手在产品市场上的价格，而对手在产品市场上价格的减少反过来又会减少自己的价格，因此此时 R&D 最终会导致产品市场上的竞争更激烈。当产品市场为 Cournot 竞争时企业自身的 R&D 投入会增加自己的产量，而当自身外溢水平较小时却可以减少对手的产量，同时对手产量的减少也会使自己的产量增加，因此此时企业的 R&D 会使自己在产量市场上更具有竞争优势。这一现象从直观上反映了当产品市场为 Bertrand 竞争时企业为避免激烈的价格竞争导致其 R&D 的积极性低于产品市场为 Cournot 竞争的情形。事实上，上述直观结论在理论上也是成立的。

为了使对产品市场上为不同竞争形式时企业的 R&D 水平的比较更有意义，假设两企业为完全对称的，且无论产品市场为何种竞争形式，其内生的 R&D 顺序为同时行动，即假设两企业的 R&D 成本是相同的，$f_i(\cdot) = f(\cdot)$，

$i = 1,2$，外溢水平是相同的且满足 $\beta_i = \beta < \dfrac{b}{2}$，$i = 1,2$。

命题 5.6 若无论产品市场上为何种竞争形式，内生的 R&D 顺序为同时行动，且两企业为对称的，则 R&D/Bertrand 竞争中的有效 R&D 产出水平（设为 X^B）要小于 R&D/Cournot 竞争中的有效 R&D 产出水平（设为 X^C），且两者都小于社会福利最优的有效 R&D 产出水平（设为 X^W），即 $X^B < X^C < X^W$。

证明： 由命题 5.1 的证明，显然在假设 1～假设 4 及以上对称性假设下，内生 R&D 时机下的 R&D/Bertrand 竞争及 R&D/Cournot 竞争都存在唯一对称的均衡。此时由式（5.5），X^B 由下式确定

$$\frac{2(2-b^2-b\beta_i)}{(1+b)(2-b)}\frac{a-c+(1+\beta)X^B}{4-b^2} = f'(X^B) \tag{5.7}$$

而由式（5.6），X^C 由下式确定

$$\frac{2(2-b\beta)}{(2+b)}\frac{a-c+(1+\beta)X^C}{4-b^2} = f'(X^C) \tag{5.8}$$

由于

$$\frac{(2-b^2-b\beta_i)}{(1+b)(2-b)} - \frac{(2-b\beta)}{(2+b)} = \frac{-b^3(1+\beta)}{(2+b)(1+b)(2-b)} < 0$$

所以有

$$\frac{f'(X^B)}{a-c+(1+\beta)X^B} < \frac{f'(X^C)}{a-c+(1+\beta)X^C}$$

即

$$D = f'(X^B)[a-c+(1+\beta)X^C] - f'(X^C)[a-c+(1+\beta)X^B] < 0$$

又由于

$$D = [f'(X^B)-f'(X^C)](a-c)+(1+\beta)[X^C(f'(X^B)-f'(X^C))-f'(X^C)(X^C-X^B)]$$
$$= (X^B-X^C)[f''(\xi_0)(a-c)+(1+\beta)X^C f''(\xi_1)-(1+\beta)f'(X^C)]$$

其中，ξ_0 及 ξ_1 介于 X^B 与 X^C 之间，第二个等式是由函数 $f(\cdot)$ 的二次可微性及中值定理得到的。又由假设 4 及式（5.8）有

$$f''(\xi_0)(a-c)+(1+\beta)X^C f''(\xi_1) > 2\left(\frac{2-b\beta}{4-b^2}\right)^2 [a-c+(1+\beta)X^C]$$

$$= \frac{2-b\beta}{2-b} f'(X^C)$$

而当 $\beta < \dfrac{b}{2}$ 时有

$$\frac{2-b\beta}{2-b} f'(X^C) > (1+\beta)f'(X^C)$$

所以有

$$f''(\xi_0)(a-c)+(1+\beta)X^C f''(\xi_1) - (1+\beta)f'(X^C) > 0$$

而

$$D = (X^B - X^C)[f''(\xi_0)(a-c)+(1+\beta)X^C f''(\xi_1) - (1+\beta)f'(X^C)] < 0$$

所以 $X^B < X^C$。

由于社会福利 $W = u(q_1,q_2) - \sum_{i=1}^{2}(c-x_i-\beta_j x_j)q_i - \sum_{i=1}^{2} f_i(x_i)$，当企业对称时其最优的 R&D 产出水平由以下一阶条件确定

$$(1+\beta)\frac{a-c+(1+\beta)X^W}{1+b} = f'(X^W)$$

又

$$\frac{1+\beta}{1+b} - \frac{2(2-b\beta)}{(2+b)(4-b^2)} = \frac{4-2b^2-b^3+\beta(8+6b-b^3)}{(1+b)(2+b)(4-b^2)} > 0$$

即

$$\frac{f'(X^C)}{a-c+(1+\beta)X^C} < \frac{f'(X^W)}{a-c+(1+\beta)X^W}$$

所以，与上述类似的方法可证 $X^C < X^W$。

以上结论从理论上说明了当企业为对称的且外溢水平较小时，在内生的 R&D 时机下，产品市场上为 Bertrand 竞争时企业的 R&D 投入要低于产品市场上为 Cournot 竞争的情形，且相对于社会福利最优的投资水平，无论产品市场为何种竞争形式企业都投资不足。

5.5　本　章　小　结

本章研究了在内生 R&D 时机下企业先进行 R&D 后在产品市场上竞争的多阶段博弈中，当产品市场竞争分别为 Bertrand 竞争和 Cournot 竞争时的均衡 R&D 顺序，并将产品市场为两种不同竞争形式时的情形进行了比较，主要结论如下。

第一，无论产品市场为何种竞争形式，企业先进行 R&D 后在产品市场竞争的多阶段博弈在内生 R&D 时机下的均衡 R&D 顺序只由企业的外溢水平和产品差异程度决定，与企业的 R&D 成本函数无关。具体地，相对于产品差异程度，若两企业的外溢水平都较小，则均衡的 R&D 顺序为两企业同时行动；若两企业的外溢水平都较大，则均衡的 R&D 顺序为分别以两个企业为领头者的序贯行动；若一个企业的外溢水平较小而另一个企业的外溢水平较大，则均衡的 R&D 顺序为以低外溢水平的企业为领头者的序贯行动。

第二，无论产品市场上为何种竞争形式，每个企业在序贯 R&D 时的 R&D 水平、产品市场产量（价格）分别高于（低于）同时 R&D 时的情形。而序贯 R&D 时两企业的社会总福利水平高于同时 R&D 时的情形。这说明高的外溢水平既可以诱导企业进行高的 R&D 投入也可以增加社会福利。

第三，与产品市场为 Cournot 竞争相比，当产品市场为 Bertrand 竞争时企业同时 R&D 的可能性要大。

第四，若两企业为对称的且其外溢水平都较低，则在内生 R&D 时机下当产品市场为 Bertrand 竞争时企业的 R&D 投入要低于产品市场为 Cournot 竞争的情形，且无论产品市场为何种竞争形式，相对于社会福利最优的投资水平企业都会投资不足。这说明当外溢水平较小时产品市场上的价格竞争不利于产生有效的 R&D 水平，因而此时为了激发更高的 R&D 投入计划者应该诱导企业之间进行产量竞争。

第6章　内生时机下不完全信息的价格竞争均衡

本章主要探讨不完全信息情形下，生产差异产品的双寡头在行动承诺的内生时机下的价格竞争博弈中的均衡行动顺序，其中不完全信息表现为双寡头中的一方对需求的截距具有不完全信息，而另一方具有完全信息。本章分为3节：6.1 节提出问题；6.2 节研究内生时机下不完全信息的价格竞争中的均衡行动顺序；6.3 节为小结。

6.1　问　题　提　出

至此，本书对于内生时机下相关基本问题的研究都是在完全信息下进行的，不仅如此还是在完美信息下进行的。在完全信息下参与人行动时没有任何外界不确定性因素，而且在完美信息下，后行动者可以完全观测到先行动者的行动，因而可以用逆向归纳法对博弈进行分析，其解的概念为子博弈精炼 Nash 均衡。在现实中，参与人的信息往往并非总是完全的，更多的情况是某些参与人拥有某些特定信息，而其他的参与人却不具备这些信息，即信息是不完全的。

完全信息与不完全信息博弈在分析方法上存在较大差异，不完全信息下参与人对某些外界的因素是不确定的，逆向归纳法不再适用，取而代之的是要求参与人在均衡行动中满足基于信念的一定的序贯理性。另外，对于解的要求，由于信息的不完全性，很多不完全信息博弈的子博弈就是整个博弈，因而子博弈精炼显得太弱。与完全信息博弈中的子博弈精炼 Nash 均衡的概念相对应，不完全信息博弈中的均衡概念为精炼 Bayes-Nash 均衡。

由于完全信息博弈与不完全信息博弈具有较大差别，某些在完全信息博弈中成立的结论在不完全信息中不再成立。在完全信息下常见的 Bertrand 竞争比 Cournot 竞争更有效，但在不完全信息下这一结论却并非总能成立[32-33,67-71]。在行动优势方面，已有研究表明，产量（价格）竞争中参与人具有先动（后动）优势，即序贯行动（Stackelberg 博弈）中领头者的收益高于（低于）尾随者的收益[39,44]。行动优势对内生时机下均衡行动顺序起着关键作用，产量与价格竞争中的不同行动优势决定了内生时机下两种竞争形式中的均衡行动顺序相差较大[38-44]。

完全信息下参与人在不同竞争形式中行动优势的结论在不完全信息下不再成立。在不完全信息的产量竞争中，若领头者具有关于随机需求的私有信息，则领头者不再具有先动优势，在参数的很大一个范围内尾随者的期望收益高于领头者的收益[50]。既然如此，这种不完全信息下有信息的一方的先动劣势是否会导致内生时机下其没有先动动机？然而文献［52］却表明在双寡头产量竞争中，若其中一个参与人对需求的截距具有不完全信息，在行动承诺的内生时机下，当具有不完全信息的参与人只能选择后动，而具有完全信息的参与人可以选择先动或后动时，唯一稳定的均衡行动顺序为以具有完全信息的一方为领头者而具有不完全信息的一方为尾随者的序贯行动。文献［52］中的内生时机下只有有信息的参与人可以完全自由地选择行动阶段，其实质是一种不完全的内生时机。文献［53］将文献［52］中的不完全内生时机推广到完全内生时机（即两个参与人都能自由地选择行动阶段），表明分别以有信息的一方和无信息的一方为领头者的序贯行动都为均衡行动顺序。文献［54］研究了在可观测延迟的内生时机下不完全信息的产量竞争中的均衡行动顺序，表明两种序贯行动和同时行动都可能作为均衡结果出现，但在参数的很大范围内均衡的行动顺序为两个参与人在第一阶段同时行动。

以上对内生时机下不完全信息时均衡行动顺序的研究多集中于对产量竞争的研究，而且产品为完全替代品。价格竞争和产量竞争是两种性质完全不同的竞争形式，本章主要研究行动承诺的内生时机下生产差异替代品的双寡头价格竞争中，当其中一方对需求的截距具有不完全信息而另一方具有完全信息时博弈的均衡行动顺序。

6.2　内生时机下不完全信息价格竞争的均衡

6.2.1　基本模型

对于进行差异替代产品的价格竞争的两个企业，假设市场需求满足以下线性需求函数：

$$q_i = a - p_i + b p_j \tag{6.1}$$

其中，p_i 和 q_i 分别为企业 i 的价格和产量，$i,j = 1,2$，$i \neq j$；b 为产品的差异参数，$0 < b < 1$；a 为初始需求，即线性需求的截距，为随机变量。双寡头中一方对 a 具有完全信息，即可以观测到 a 的具体取值，而另一方具有不完全信

息，即只知道 a 服从某一先验分布。这里由于两个企业除了在信息方面不对称外在其他方面是对称的，因而为了讨论方便，不妨假设两个企业中企业 1 具有完全信息，而企业 2 具有不完全信息。进一步地，假设初始需求 a 只可能取两个不同的值 a_1 和 a_2，即 $a \in A = \{a_1, a_2\}$，其中 $0 < a_1 < a_2$，当 $a = a_1$ 时市场为低需求，而当 $a = a_2$ 时市场为高需求。市场为低需求的概率为 γ，而市场为高需求的概率为 β，即 $P(a = a_1) = \gamma$，$P(a = a_2) = \beta$，其中 $\gamma + \beta = 1$。在此假设下市场初始需求在先验分布下的期望值为 $\bar{a} = \gamma a_1 + \beta a_2$。两企业的边际成本都为常数且相同，这里为了简化后面的计算，不防假设两个企业的边际成本都为零。事实上，对于非零的常数边际成本，结论仍然成立[①]。

另外，在后面的讨论中，还需要用到假设 $a_1 < \dfrac{2-b}{2+b} a_2$，不妨假设其成立。这一假设表明需求的两种状态之间的差别足够大，它实质上意味着当允许信号传递的内生行动顺序产生时，具有完全信息的企业 1 不扭曲自己的价格也能准确地传递关于需求的私有信息。

企业之间的价格博弈按以下规则进行：整个博弈分为两个阶段，两个参与人在每个阶段内同时选择是否行动及行动时的价格水平，另外每个参与人仅能在某一阶段行动（每个参与人只有一次行动机会：若参与人选择在第一阶段确定某一价格水平，则其在第二阶段不能行动；而若参与人选择在第二阶段行动，则其在第一阶段不能采取行动）。阶段之间后行动的参与人可以观测到先行动的参与人的行动[②]，但由于阶段内参与人是同时行动的，因而若两个参与人在同一阶段行动，双方都无法观测到对方的行动。上述博弈规则即为文献 [8] 中行动承诺的内生时机规则——参与人可以选择在两个阶段内的任意一个阶

---

① 事实上，若两个企业的边际成本都为常数 c，则只需令 $a' = a - (1-b)c$（见 4.2 节），对 a' 进行讨论即可。

② 注意，只是后行动者观测到先动者的行动而不是类型。

段行动，因而行动的时机是内生的，但不同于可观测延迟的内生时机规则，参与人的内生时机选择仅能靠确实选择一个行动（行动承诺）来实现。

在上述博弈规则下，每个参与人的策略既包括对行动阶段的选择，也包括对价格水平的选择。由于实质上整个博弈包含 3 类可能的参与人——a_1 类的参与人 1、a_2 类的参与人 1 和无信息的参与人 2，每类参与人可以在两个阶段中的任意一个阶段行动，因此对应于参与人的不同时机选择有 8 种可能的时机结果（行动顺序结果），分别为：T_1，所有的参与人都在第一阶段行动；T_2，所有的参与人都在第二阶段行动；T_3，两类有信息的参与人 1 都在第一阶段行动，而无信息的参与人 2 在第二阶段行动；T_4，无信息的参与人 2 在第一阶段行动，而两类有信息的参与人 1 都在第二阶段行动；T_5，a_1 类的参与人 1 和参与人 2 在第一阶段行动，a_2 类的参与人 1 在第二阶段行动；T_6，a_2 类的参与人 1 和参与人 2 在第一阶段行动，a_1 类的参与人 1 在第二阶段行动；T_7，a_1 类的参与人 1 在第一阶段行动，a_2 类的参与人 1 和参与人 2 在第二阶段行动；T_8，a_2 类的参与人 1 在第一阶段行动，a_1 类的参与人 1 和参与人 2 在第二阶段行动。在上述 8 种时机结果中，有些时机结果会发生信号传递，即后行动的参与人 2 可以由先行动的参与人的行动更新自己的先验信念，如 T_3、T_5 及 T_8。而其他的时机结果则不会发生信号传递。

下面逐一讨论上述 8 种时机结果可否构成均衡的行动结果。

由于在某些行动顺序的博弈中会发生信号传递，因而整个博弈的均衡概念为精炼 Bayes-Nash 均衡[①]。为了进行具体的分析，下面首先给出上述不完全信息价格博弈的精炼 Bayes-Nash 均衡的具体概念。

---

① 虽然当参与人 2 在第一阶段行动时，参与人 2 的信念没有更新，整个博弈实质上是一个不完全信息的静态博弈，但由于均衡的概念是对于整个包含时机选择的博弈而言的，因而仍称其为精炼 Bayes-Nash 均衡。

定义 6.1 上述不完全信息价格博弈的精炼 Bayes–Nash 均衡由满足以下条件的战略与信念构成：

（1）在每个阶段参与人 2 关于参与人 1 的类型存在一个信念；

（2）在给定的信念下，两个参与人的战略是序贯理性的；

（3）参与人 2 在均衡路径信息集上的信念设定应满足战略一致性原则，即通过贝叶斯法则与参与人的均衡战略来确定；

（4）在非均衡路径信息集上参与人 2 的信念设定应满足结构一致性原则，即通过贝叶斯法则与参与人可能的均衡战略来确定。

上述精炼 Bayes–Nash 均衡的定义没有对非均衡路径上的信念施加任何实质性的规定，因此在某些情况下博弈可能由于非均衡路径上的信念设定不同而存在很多均衡。常用的精炼参与人在非均衡路径上的信念设定方法有两种：剔除劣战略和直觉标准（intuitive criterion）[8,112]。因此，为了使博弈的均衡更合理，假设博弈的均衡满足以下两个精炼标准。

精炼标准（1） 均衡策略是非劣的。

精炼标准（2） 当时机结果产生信号传递时（如 T_3），参与人 2 在非均衡路径上的信念设定应满足直觉准则（IC 准则）。

有了上述对模型的基本描述及对均衡的具体要求，下面对整个模型进行分析。

6.2.2 模型分析及结果

为了方便进行不完全信息情形下的分析，首先分别给出完全信息情形下参与人在同时行动和不同行动顺序的序贯行动中的均衡价格及收益。在完全信息的情形下，参与人 i 在由式（6.1）给出的需求函数下的收益函数为

$$\pi_i = (a - p_i + bp_j)p_i$$

在此收益函数下参与人 i 的反应函数为

$$p_i = \frac{a + bp_j}{2}$$

因此，完全信息情形下参与人 i 在同时行动（Bertrand 竞争）和两种序贯行动（分别以两个参与人为领头者的 Stackelberg 竞争）中的均衡价格分别为

$$p^{\mathrm{N}}(a) = \frac{a}{2-b}, \quad p^{\mathrm{L}}(a) = \frac{a(2+b)}{2(2-b^2)}, \quad p^{\mathrm{F}}(a) = \frac{a(4+2b-b^2)}{4(2-b^2)}$$

其中，$i = 1, 2$，上标 N、L 及 F 分别表示同时行动、Stackelberg 领头者及尾随者。均衡收益为

$$\pi^{\mathrm{N}}(a) = \frac{a^2}{(2-b)^2}, \quad \pi^{\mathrm{L}}(a) = \frac{a^2(2+b)^2}{8(2-b^2)}, \quad \pi^{\mathrm{F}}(a) = \frac{a^2(4+2b-b^2)^2}{16(2-b^2)^2}$$

另外，容易得到在完全信息情形下参与人 i 在 3 种行动顺序的博弈中的均衡支付满足以下关系：

$$\pi_i^{\mathrm{F}}(a) > \pi_i^{\mathrm{L}}(a) > \pi_i^{\mathrm{N}}(a) \tag{6.2}$$

下面分析不完全信息的情形。由于在同时行动和以企业 2 为领头者的序贯行动博弈中，企业 2 的信念即为其先验信念，在这种情况下验证均衡相对较为容易，因而在时机结果 $T_1 \sim T_4$ 中主要是考察时机结果 T_3 是否能成为上述博弈的均衡行动顺序。为此令 w 表示参与人 i 在第一阶段选择等待，即选择在第二阶段确定价格，则参与人 i 在第一阶段的选择集可表述为 $x_i \in \{p_i \mid p_i \in \mathbf{R}^+\} \cup \{w\}$。令 $\mu(x_1) = \mu(a = a_1 \mid x_1)$ 为信号传递可能发生时，参与人 2 观测到 x_1 时推测 $a = a_1$ 的后验概率。参与人 2 观测到 x_1 时对需求参数 a 的推测完全由其后验概率 $\mu(x_1)$ 决定，$\alpha(\cdot) = \mu(\cdot)a_1 + [1 - \mu(\cdot)]a_2$ 即为参与人 2 在后验信念下对 a 的推测值，$\alpha(\cdot) \in [a_1, a_2]$。

有了上述基本说明，下面具体给出精炼标准（2）在上述价格博弈中的具体含义。为此令 $A(x_1)$ 表示可能发送信号 x_1 的参与人 1 的类型集，$\mathrm{BR}(A(x_1), x_1)$ 表示观测到 x_1 时参与人 2 的最优反应，$\pi_1^*(a_i)$ 为 a_i 类的参与人 1 在给定均衡中的均衡收益，$\pi_1(a_i, x_1, x_2)$ 为 a_i 类的参与人 1 发送非均衡信号 x_1 而参与人 2 选择 x_2 时参与人 1 的收益，则价格博弈中的直觉准则可表述如下。

直觉准则（IC）[112]　在上述价格博弈中，对于一个给定的均衡，对于任意可能的均衡路径之外的信号 x_1，若 x_1 为 a_i 类的参与人 1 的均衡劣信号，即①

$$\pi_1^*(a_i) > \max\left\{\pi_1(a_i, x_1, x_2) \,\middle|\, x_2 \in \mathrm{BR}(A(x_1), x_1)\right\}$$

而且，若存在另一个类型 $a_j \in A$，其中 $i \neq j$，$i, j = 1, 2$，满足

$$\pi_1^*(a_j) < \min\left\{\pi_1(a_j, x_1, x_2) \,\middle|\, x_2 \in \mathrm{BR}(a_j, x_1)\right\}$$

则称该均衡不满足直觉准则。

以上给出了上述两阶段博弈不满足直觉准则的条件。简单来说，任意一个博弈中一个均衡不满足直觉准则包含两条：第一，存在某个均衡路径之外的信号为某一类型 a 的发送者的均衡劣信号；第二，对于另外一个类型 a_j 的发送者，发送该均衡路径外的信号（对手选择相应的最优反应时）得到的收益却可能大于其均衡收益（偏离可能得到好处）。当均衡满足上述两个条件时称均衡不满足直觉准则是因为在这种情况下，类型为 a_j 的发送者可能偏离均衡发送信号 x_1，而均衡却认为 x_1 为非均衡路径上的信号，因而在这种情况下均衡是不合理的。将以上否定的描述转化为肯定的描述，要检验一个给定的精炼 Bayes-Nash 均衡满足直觉准则，需要对均衡路径之外的信念做以下规定：若某一信号为类型 a 的发送者的均衡劣信号而不为类型为 a_j 的发送者的均衡劣信号，则均衡信念应规定该信号来自 a 类发送者的概率为 0。直觉准则由于对均衡路径之外的

---

① 可能存在多个 a_i 使得 x_1 为 a_i 的均衡劣信号。

信念施加了合理的限制，因而进一步精炼了不完全信息博弈中的精炼 Bayes–Nash 均衡。

在对上述博弈的分析中只要信号传递可能发生，都要求均衡满足精炼标准 （1）和（2）。下面分别给出时机结果 $T_1 \sim T_8$ 中哪些可以构成上述博弈的均衡， 哪些不能构成上述价格博弈的均衡。

命题 6.1　时机结果 T_3 为内生时机下不完全信息价格博弈的均衡行动顺 序。与其对应的均衡中两企业的均衡策略分别为：a_i 类的企业 1 在第一阶段行 动，其均衡价格为 $p_1^*(a_i) = \dfrac{a_i(2+b)}{2(2-b^2)}$；企业 2 在第二阶段行动，其最优价格反 应为

$$p_2^*(x_1) = \begin{cases} \dfrac{a_2 + bx_1}{2}, & x_1 \geqslant \dfrac{a_2(2+b)}{2(2-b^2)} \\[3mm] \dfrac{a_1 + bx_1}{2}, & x_1 < \dfrac{a_2(2+b)}{2(2-b^2)} \\[3mm] p^{\mathrm{N}}(a_1), & x_1 = w \end{cases} \tag{6.3}$$

与此最优策略相对应的企业 2 的后验信念为

$$\mu^*(x_1) = \begin{cases} 0, & x_1 \geqslant \dfrac{a_2(2+b)}{2(2-b^2)} \\[3mm] 1, & x_1 < \dfrac{a_2(2+b)}{2(2-b^2)} \\[3mm] 1, & x_1 = w \end{cases} \tag{6.4}$$

证明：注意到此均衡策略下的均衡结果为：有信息的 a_i 类企业 1 在第一阶 段确定的价格为 $p_1^*(a_i) = p^{\mathrm{L}}(a_i) = \dfrac{a_i(2+b)}{2(2-b^2)}$，即 Stackelberg 领头者价格；无信 息的企业 2 在第一阶段选择等待，在第二阶段准确推断企业 1 的类型，当 $a = a_i$ 时选择 $p_2^* = p^{\mathrm{F}}(a_i) = \dfrac{a_i(4+2b-b^2)}{4(2-b^2)}$，即相应的 Stackelberg 尾随者价格。

首先，验证给定企业 2 的策略及后验信念企业 1 的策略为最优的。

若企业 1 为 a_1 类，假设其在第一阶段选择等待，则由企业 2 的后验均衡信念，企业 2 准确推断 $a = a_1$，两企业在第二阶段进行同时行动的价格竞争，企业 1 偏离的最优收益为 $\pi^N(a_1) < \pi^L(a_1)$，所以 a_1 类的企业 1 不会选择等待。

若 a_1 类的企业 1 在第一阶段选择其他非均衡价格 p_1，即 $p_1 \neq p^L(a_1)$，此时企业 2 在信念 $\mu^*(\cdot)$ 下对 a 的推断为 $\alpha^*(\cdot) = \mu^*(\cdot)a_1 + (1 - \mu^*(\cdot))a_2$，所以企业 1 的收益函数为

$$\pi_1(p_1, a_1, \alpha^*(\cdot)) = \begin{cases} \left[a_1 - p_1 + b\dfrac{a_2 + bp_1}{2} \right] p_1, & p_1 \geqslant \dfrac{a_2(2+b)}{2(2-b^2)} \\[4mm] \left[a_1 - p_1 + b\dfrac{a_1 + bp_1}{2} \right] p_1, & p_1 < \dfrac{a_2(2+b)}{2(2-b^2)} \end{cases}$$

显然，当 $p_1 < \dfrac{a_2(2+b)}{2(2-b^2)}$，且 $p_1 \neq p^L(a_1)$ 时，企业 1 偏离的收益总小于 $\pi^L(a_1)$。而当 $p_1 \geqslant \dfrac{a_2(2+b)}{2(2-b^2)}$ 时

$$\pi_1(p_1, a_1, \alpha^*(\cdot)) = \left(a_1 - p_1 + b\dfrac{a_2 + bp_1}{2} \right) p_1 = \left(\dfrac{2a_1 + ba_2}{2} - \dfrac{2 - b^2}{2} p_1 \right) p_1$$

其最优值在 $p_1 = \dfrac{a_2(2+b)}{2(2-b^2)} = p^L(a_2)$ 时取得，此时 a_1 类的企业 1 偏离均衡而谎报为 a_2 类企业获得的最优收益为[①]

$$\pi_1^d(p_1, a_1, \alpha^*(\cdot)) = \dfrac{4a_1 - 2a_2 + ba_2}{4} \cdot \dfrac{a_2(2+b)}{2(2-b^2)}$$

由于

$$\pi_1^d(p_1, a_1, \alpha^*(\cdot)) - \pi_1^L(a_1) = \dfrac{4a_1 - 2a_2 + ba_2}{4} \cdot \dfrac{a_2(2+b)}{2(2-b^2)} - \dfrac{a_1^2(2+b)^2}{8(2-b^2)}$$

$$= \dfrac{(2+b)(a_2 - a_1)[(2+b)a_1 - (2-b)a_2]}{8(2-b^2)}$$

---

① 本章讨论中都用上标 d（defection）表示参与人在相应均衡中偏离时的最优收益。

当 $4a_1 - 2a_2 + ba_2 = 4a_1 - (2-b)a_2 < 0$ 时，即当 $a_1 < \dfrac{2-b}{4}a_2$ 时显然

$\pi_1^{\mathrm{d}}(p_1, a_1, \alpha^*(\cdot)) < 0$，所以此时 a_1 不会偏离均衡策略。当 $a_1 > \dfrac{2-b}{4}a_2$ 时，由于

$a_1 < \dfrac{2-b}{2+b}a_2$ 时，$\pi_1^{\mathrm{d}}(p_1, a_1, \alpha^*(\cdot)) < \pi_1^{\mathrm{L}}(a_1)$，$a_1$ 类的企业 1 也不会偏离均衡，即

a_1 类的企业 1 若在第一阶段行动，其选择的价格一定为均衡中确定的价格。所

以，a_1 类的企业 1 不会偏离均衡策略。

若企业 1 为 a_2 类且其选择等待，则企业 2 认为 $a = a_1$，企业 2 在第二阶段

选择 $p_2 = \dfrac{a_1}{2-b}$，企业 1 在第二阶段的收益函数为 $\left(a_2 - p_1 + b\dfrac{a_1}{2-b}\right)p_1$，其最优

值在 $p_1 = \dfrac{a_2(2-b) + ba_1}{2(2-b)}$ 处取得，为

$$\pi_1^{\mathrm{d}}(w, a_2, \alpha^*(\cdot)) = \left[\frac{a_2(2-b) + ba_1}{2(2-b)}\right]^2$$

而 a_2 类的企业 1 选择均衡策略的收益为 $\pi^{\mathrm{L}}(a_2) = \dfrac{a_2^2(2+b)^2}{8(2-b^2)}$。又由式（6.2）

$\pi^{\mathrm{L}}(a_2) > \pi^{\mathrm{N}}(a_2)$，而

$$\pi^{\mathrm{N}}(a_2) - \pi_1^{\mathrm{d}}(w, a_2, \alpha^*(\bullet)) = \frac{b(a_2 - a_1)}{2(2-b)}\left[\frac{a_2(4-b) + ba_1}{2(2-b)}\right]^2 > 0$$

所以 $\pi^{\mathrm{L}}(a_2) > \pi_1^{\mathrm{d}}(w, a_2, \alpha^*(\cdot))$，即 a_2 类的企业 1 不会在第一阶段选择等待。

如果 a_2 类的企业 1 在第一阶段选择非均衡价格 p_1，则其偏离的收益为

$$\pi_1(p_1, a_2, \alpha^*(\bullet)) = \begin{cases} \left(a_2 - p_1 + b\dfrac{a_2 + bp_1}{2}\right)p_1, & p_1 > \dfrac{a_2(2+b)}{2(2-b^2)} \\[4mm] \left(a_2 - p_1 + b\dfrac{a_1 + bp_1}{2}\right)p_1, & p_1 < \dfrac{a_2(2+b)}{2(2-b^2)} \end{cases}$$

当 $p_1 > \dfrac{a_2(2+b)}{2(2-b^2)}$ 时，显然偏离时的最优收益 $\pi_1^{\mathrm{d}}(p_1, a_2, \alpha(\cdot)) < \pi_1^{\mathrm{L}}(a_2)$。而

当 $p_1 < \dfrac{a_2(2+b)}{2(2-b^2)}$ 时

$$\pi_1(p_1, a_2, \alpha^*(\cdot)) = \left(\frac{2a_2 + ba_1}{2} - \frac{2 - b^2}{2} p_1 \right) p_1$$

其最优值在 $p_1 = \dfrac{2a_2 + ba_1}{2(2 - b^2)}$ 时取得，为

$$\pi_1^{\mathrm{d}}(p_1, a_2, \alpha^*(\cdot)) = \frac{(2a_2 + ba_1)^2}{8(2 - b^2)}$$

由于 $a_1 < a_2$，显然 $\pi_1^{\mathrm{d}}(p_1, a_2, \alpha^*(\cdot)) < \pi^{\mathrm{L}}(a_2)$。所以 a_2 类的企业 1 也不会选择在第一阶段选择任意其他非均衡价格。

综上所述，给定企业 2 的信念和最优反应，两类企业 1 都不会偏离其均衡策略。

其次，考察给定企业 1 的均衡策略，企业 2 的策略是最优的。显然，若企业 2 选择在第二阶段定价（在第一阶段选择等待），则给定企业 2 的均衡信念由式（6.4）给出，企业 2 在第二阶段的定价策略显然由式（6.3）给出。而给定两类企业 1 在第一阶段都选择 Stackelberg 领头者价格，企业 2 的最优价格显然为相应的 Stackelberg 尾随者价格。若企业 2 选择在第一阶段行动，则其最优价格满足

$$p_2 \in \arg\max \pi_2(p_2, \mu) = \gamma \left[a_1 - p_2 + b \frac{a_1(2 + b)}{2(2 - b^2)} \right] p_2 + \beta \left[a_2 - p_2 + b \frac{a_2(2 + b)}{2(2 - b^2)} \right] p_2$$

上述收益函数的最优值在 $p_2 = \dfrac{(4 + 2b - b^2)\bar{a}}{4(2 - b^2)}$ 处取得，其中 $\bar{a} = \gamma a_1 + \beta a_2$ 为事前的期望需求截距，此时企业 2 偏离时的最大期望收益为

$$\pi_2^{\mathrm{d}}(p_2, \mu) = \bar{a}^2 \left[\frac{4 + 2b - b^2}{4(2 - b^2)} \right]^2$$

而给定企业 1 的策略，企业 2 在第一阶段选择等待（即在第二阶段按式（6.3）定价）的事前期望收益为

$$\pi_2^{\mathrm{w}} = \gamma\pi_2^{\mathrm{F}}(a_1) + \beta\pi_2^{\mathrm{F}}(a_2) = \frac{(4+2b-b^2)^2}{16(2-b^2)^2} \cdot \left(\gamma a_1^2 + \beta a_2^2\right)$$

显然，$\gamma a_1^2 + \beta a_2^2 = Ea^2$，而 $\bar{a}^2 = (Ea)^2$。由 Jensen 不等式 $Ea^2 \geqslant (Ea)^2$，所以 $\pi_2^{\mathrm{w}} > \pi_2^{\mathrm{d}}(p_2, \mu)$，即企业 2 不会选择在第一阶段行动。

因此，给定企业 2 的信念及企业 1 的均衡策略，企业 2 不会偏离其均衡策略。

再次，证明企业 2 的均衡信念 $\mu^*(\cdot)$ 满足直觉准则。注意到给定企业 1 的均衡策略，均衡路径之外的信号为 w（等待）及正实数价格区间内除 $\frac{a_1(2+b)}{2(2-b^2)}$ 和 $\frac{a_2(2+b)}{2(2-b^2)}$ 外的任意正实数。

第一步，证明均衡路径外的信号 w（等待）为 a_2 类企业 1 的均衡劣信号，但却不为 a_1 类企业 1 的均衡劣信号。为此令企业 2 观测到 w 时的信念为 $\mu(a = a_1 \mid w)$，$\alpha = \alpha(w)$ 为相应信念下需求截距的均值，即 $\alpha(w) = a_1\mu(a = a_1 \mid w) + a_2\mu(a = a_2 \mid w)$，$\alpha(w) \in [a_1, a_2]$。因此若 a_2 类企业 1 选择 w，企业 2 在第二阶段的最优价格为 $p_2 = p_i^{\mathrm{N}}(\alpha) = \frac{\alpha}{2-b}$，此时 a_2 类企业 1 在第二阶段的最优价格选择为 $p_1 \in \arg\max\left(a_2 - p_1 + b\frac{\alpha}{2-b}\right)p_1$，其最优值在 $p_1 = \frac{(2-b)a_2 + b\alpha}{2(2-b)}$ 处取得，最优收益为 $\left[\frac{(2-b)a_2 + b\alpha}{2(2-b)}\right]^2$。对于任意的 $\alpha \in [a_1, a_2]$，显然

$$\left[\frac{(2-b)a_2 + b\alpha}{2(2-b)}\right]^2 \leqslant \frac{a_2^2}{(2-b)^2} = \pi_1^{\mathrm{N}}(a_2) < \pi^{\mathrm{L}}(a_2)$$

所以等待为类型 a_2 企业 1 的均衡劣信号。同理，a_1 类企业 1 选择在第一阶段等待的最优收益为 $\left[\frac{(2-b)a_1 + b\alpha}{2(2-b)}\right]^2$。易证，若 $\alpha = a_2$，则 $\left[\frac{(2-b)a_1 + b\alpha}{2(2-b)}\right]^2 > \pi^{\mathrm{L}}(a_1)$。所以在企业 2 的某些信念下，$a_1$ 类企业 1 偏离会得到好处。由直觉

准则 $\mu^*(w)=1$，即若企业 2 意外观测到第一阶段企业 1 选择等待，则企业 2 应推断此时企业 1 的类型为 a_1。

第二步，证明均衡路径外的信号 $p_1 \in \left(\dfrac{a_2(2+b)}{2(2-b^2)}, +\infty \right)$ 为 a_1 类企业 1 的均衡劣信号。设此时由企业 2 的信念决定的 a 的平均值为 $\alpha \in [a_1, a_2]$，类型为 a_1 的企业 1 传递此信号的收益为 $\pi_1(p_1, a_1, \alpha) = \left(\dfrac{2a_1 + b\alpha}{2} - \dfrac{2-b^2}{2}p_1 \right) p_1$。当 $p_1 \geqslant \dfrac{a_2(2+b)}{2(2-b^2)}$ 时，最优收益在 $\dfrac{a_2(2+b)}{2(2-b^2)}$ 处取得，值为

$$\pi^*(a_1, \alpha) = \frac{[4a_1 + 2b\alpha - a_2(2+b)]a_2(2+b)}{8(2-b^2)}$$

由于

$$\frac{2a_1 + b\alpha}{2(2-b^2)} < \frac{a_2(2+b)}{2(2-b^2)}$$

所以当 $p_1 > \dfrac{a_2(2+b)}{2(2-b^2)}$ 时，对任意 α 有 $\pi_1(p_1, a_1, \alpha) < \pi_1^*(a_1, \alpha)$。又当 $4a_1 + 2b\alpha - a_2(2+b) < 0$ 时，显然 $\pi_1(p_1, a_1, \alpha) < \pi^L(a_1)$；而当 $4a_1 + 2b\alpha - a_2(2+b) > 0$ 时，$\pi^*(a_1, \alpha)$ 随 α 的增加而增加，当 $\alpha = a_2$ 时达到最大。而

$$\pi_1^*(a_1, a_2) - \pi^L(a_1) = \frac{[4a_1 + 2ba_2 - a_2(2+b)]a_2(2+b)}{8(2-b^2)} - \frac{a_1^2(2+b)^2}{8(2-b^2)}$$

$$= \frac{-(2+b)(a_2 - a_1)[(2-b)a_2 - (2+b)a_1]}{8(2-b^2)}$$

所以由 $a_1 < \dfrac{2-b}{2+b}a_2$，有 $\pi_1^*(a_1, a_2) < \pi^L(a_1)$，即 $\pi_1(p_1, a_1, \alpha) < \pi^L(a_1)$，也即对于任意的 $p_1 \in \left(\dfrac{a_2(2+b)}{2(2-b^2)}, +\infty \right)$，都是 a_1 类企业 1 的均衡劣信号。

第三步，证明均衡路径外的信号 $p_1 \in \left(0, \dfrac{a_2(2+b)}{2(2-b^2)} \right)$ 且 $p_1 \neq \dfrac{a_1(2+b)}{2(2-b^2)}$ 为 a_2 类企业 1 的均衡劣信号。a_2 类企业 1 发送此信号的收益为 $\pi_1(p_1, a_2, \alpha) =$

$$\left(\frac{2a_2 + b\alpha}{2} - \frac{2 - b^2}{2}p_1\right)p_1$$ 。显然对于任意非均衡路径外的信号 p_1 都有

$\pi_1(p_1, a_2, \alpha) < \pi_1^L(a_2)$ ，所以 $p_1 \in \left(0, \frac{a_2(2 + b)}{2(2 - b^2)}\right)$ 且 $p_1 \neq \frac{a_1(2 + b)}{2(2 - b^2)}$ 为 a_2 类企业 1

的均衡劣信号。事实上，容易验证区间 $\left(\frac{a_2(2 + b)}{2(2 - b^2)}, +\infty\right)$ 内的信号为两类企业 1

的均衡劣信号，直觉准则对此没有规定。

综上，式（6.4）给出的均衡信念满足直觉准则。

最后，由于没有参与人在均衡策略和其他策略之间是无差异的，因而均衡策略为非劣的。

由上述结论可以看出，在上述时机结果 T_3 中企业 1 的私有信息可以完全被企业 2 识别到，两个企业的价格与完全信息情形下的价格相同，即不存在价格扭曲，企业 1 获得完全信息下的 Stackelberg 领头者收益，而企业 2 获得尾随者收益。这一结论与一般的不完全信息静态博弈下的结论是不同的，在一般的不完全信息静态博弈中，即使具有私有信息的一方只有两种可能的类型，也至少存在一类参与人由于信息优势可以获得比完全信息下更高的支付（在静态的机制设计博弈中尤其如此，此时委托人为了诱导代理人真实揭示自己的类型信息往往要至少向一类代理人支付比完全信息下高的支付，这部分支付往往被称为信息租金[113]。同时，在完全信息的价格竞争中参与人具有后动优势，即尾随者收益高于领头者收益，该结论表明具有完全信息的企业 1 获得的收益小于不完全信息的企业 2 的收益。

命题 6.2 时机结果 T_4 为内生时机下不完全信息价格博弈的均衡行动顺序。

证明： 若企业 2 在第一阶段行动，而两类企业 1 都在第二阶段行动，则企业 2 的信念为先验信念，其在第一阶段最优化问题为

$$\max \gamma \left(a_1 - p_2 + b \frac{a_1 + bp_2}{2} \right) p_2 + \beta \left(a_2 - p_2 + b \frac{a_2 + bp_2}{2} \right) p_2$$

所以企业 2 在第一阶段的最优价格为

$$p_2^* = \frac{\overline{a}(2+b)}{2(2-b^2)}$$

最优收益为

$$\pi_2^* = \frac{\overline{a}^2 (2+b)^2}{8(2-b^2)}$$

此时 a_i 类企业 1 在第二阶段的最优价格为

$$p_1^*(a_i) = \frac{a_i + bp_2^*}{2} = \frac{2(2-b^2)a_i + b\overline{a}(2+b)}{4(2-b^2)}$$

最优收益为

$$\pi_1^*(a_i) = \left[\frac{2(2-b^2)a_i + b\overline{a}(2+b)}{4(2-b^2)} \right]^2$$

其中， $i = 1,2$ 。

下面验证两个企业都不会偏离上述均衡策略。

给定两类企业 1 都在第二阶段行动，若企业 2 选择在第二阶段行动，则其价格为先验信念下的 Nash 均衡价格，从而其利润为 Nash 均衡利润，即偏离时的最优收益 $\pi_2^d = \frac{\overline{a}^2}{(2-b)^2}$ 。显然 $\pi_2^* > \pi_2^d$ ，所以企业 2 不会选择在第二阶段行动。

同理，给定企业 2 在第一阶段行动，则类型为 a_i 的企业 1 偏离均衡策略而选择在第一阶段行动时的最大收益为

$$\pi_1^d(a_i) = \left[\frac{(2-b)a_i + b\overline{a}}{2(2-b)} \right]^2$$

由于

$$\frac{b\overline{a}}{2(2-b)} - \frac{b\overline{a}(2+b)}{4(2-b^2)} = \frac{-b^3\overline{a}}{4(2-b^2)(2-b)} < 0$$

所以 $\pi_1^{\mathrm{d}}(a_i) < \pi_1^{*}(a_i)$，即给定企业 2 在第一阶段行动，企业 1 不会选择在第一阶段行动。

另外，由上述证明没有参与人在均衡策略和其他策略之间是无差异的，且企业 2 不存在信念更新，因此上述均衡显然满足精炼准则（1）和（2）。

上述结论看似不太直观：不完全信息的企业 2 选择在第一阶段行动，而完全信息的企业 1 选择在第二阶段行动，企业 2 的信念没有任何更新，信息没有起到任何作用。但将上述均衡收益与完全信息情形下参与人在相同竞争模式下的均衡收益比较不难看出，只要企业 2 的先验信念不是完全退化的（$\gamma \neq 0,1$），其均衡收益就界于 $\pi^{\mathrm{L}}(a_1)$ 与 $\pi^{\mathrm{L}}(a_2)$ 之间，因此上述结果可以理解为企业 2 为了避免低需求状态下更不利的可能性而采取了先动，而一旦企业 2 先动，那么企业 1 的私有信息就没有任何作用。

时机结果 T_1 和 T_2 描述的是完全信息的两类参与人 1 与不完全信息的参与人 2 分别在第一阶段与第二阶段同时行动的情形。对于时机结果 T_1 和 T_2 有以下结论。

命题 6.3　时机结果 T_1 和 T_2 不能构成内生时机下不完全信息价格博弈的均衡行动顺序，即均衡时三类参与人不可能选择在同一阶段行动。

证明：如果三类参与人都选择在第一阶段行动，则显然两企业之间进行同时行动的 Bertrand 竞争，企业 2 的信念为其先验信念。因此此时企业 2 在第一阶段的最优价格和收益分别为

$$
\begin{cases}
p_2^{*} = \dfrac{\overline{a}}{2-b} \\[3mm]
\pi_2^{*} = \left(\dfrac{\overline{a}}{2-b}\right)^2
\end{cases}
\tag{6.5}
$$

而 a_i 类企业 1 在第一阶段确定的最优价格和收益分别为

$$\begin{cases} p_1^*(a_i) = \dfrac{(2-b)a_i + b\overline{a}}{2(2-b)} \\[3mm] \pi_1^*(a_i) = \left[\dfrac{(2-b)a_i + b\overline{a}}{2(2-b)} \right]^2 \end{cases} \tag{6.6}$$

显然，如果企业 1 单方面偏离上述策略而在第二阶段行动，得到的收益是相同的。但对于企业 2，若其选择第二阶段行动则其可以准确推测 a_i 的值（观测到企业 1 在第一阶段行动则推测 $a = a_1$；观测到企业 1 在第二阶段行动时则推测 $a = a_2$），从而当 $a = a_i$ 时，企业 2 单方面偏离时的最优价格为

$$p_2^{\mathrm{d}} = \frac{a_i + b p_1^*(a_i)}{2} = \frac{(4-b^2)a_i + b^2\overline{a}}{4(2-b)}$$

所以企业 2 偏离的事前期望收益为

$$\pi_2^{\mathrm{d}} = \gamma \left[\frac{(4-b^2)a_1 + b^2\overline{a}}{4(2-b)} \right]^2 + \beta \left[\frac{(4-b^2)a_2 + b^2\overline{a}}{4(2-b)} \right]^2$$

令 $f(a) = \left[\dfrac{(4-b^2)a + b^2\overline{a}}{4(2-b)} \right]^2$，则显然 $f(a)$ 为凸函数，且 $\pi_2^{\mathrm{d}} = Ef(a)$，而

$$f(E(a)) = \left[\frac{(4-b^2)\overline{a} + b^2\overline{a}}{4(2-b)} \right]^2 = \pi_2^*，$$ 由 Jensen 不等式，$\pi_2^{\mathrm{d}} > \pi_2^*$。所以此时企业

2 会偏离而在第二阶段行动。

所以，两个企业不可能同时在第一阶段行动。

如果三类企业都选择在第二阶段行动，则显然其最优价格和收益与其都在第一阶段行动时相同，即企业 2 的最优价格 p_2^* 和最优收益 π_2^* 由式（6.5）给出，而 a_i 类企业 1 的最优价格 $p_1^*(a_i)$ 和最优收益 $\pi_1^*(a_i)$ 由式（6.6）给出。此时若企业 2 偏离而选择在第一阶段行动，则由命题 6.2 的证明，企业 2 偏离时的最优价格和收益分别为

$$p_2^{\mathrm{d}} = \frac{\overline{a}(2+b)}{2(2-b^2)}，\quad \pi_2^{\mathrm{d}} = \frac{\overline{a}^2(2+b)^2}{8(2-b^2)}$$

显然

$$\pi_2^d > \pi_2^*$$

所以此时企业 2 也会偏离而选择在第一阶段行动。

所以，两个企业也不可能同时在第二阶段行动。

综上，时机结果 T_1 和 T_2 不能构成上述两阶段博弈的均衡。

最后，在时机结果 $T_5 \sim T_8$ 中，两类完全信息的参与人 1 分别在不同的阶段行动。对于时机结果 $T_5 \sim T_8$ 有以下结论。

命题6.4 时机结果 $T_5 \sim T_8$ 都不能构成内生时机下不完全信息价格博弈的均衡行动顺序。

证明：首先证明时机结果 T_5 不能构成内生时机下的均衡行动顺序。

先求解两个企业在时机结果 T_5 中的最大收益。在时机结果 T_5 中 a_1 类企业 1 和企业 2 在第一阶段行动，a_2 类企业 1 在第二阶段行动，由于两类企业 1 在两个阶段的反应函数都为 $p_1(a_i) = \dfrac{a_i + bp_2}{2}$，所以企业 2 在第一阶段的最优化问题为

$$\max_{p_2} \pi_2(p_2) = \gamma\left[a_1 - p_2 + p_1(a_1)\right]p_2 + \beta(a_2 - p_2 + b\frac{a_2 + bp_2}{2})p_2$$

由最优化的一阶条件得

$$(2 - \beta b^2)p_2 = \overline{a} + \gamma b p_1(a_1) + \frac{\beta a_2 b}{2}$$

又因为 $p_1(a_1) = \dfrac{a_1 + bp_2}{2}$，所以企业 2 在第一阶段的最优价格为

$$p_2^* = \frac{(2+b)\overline{a}}{[4 - (2-\gamma)b^2]}$$

最优收益为

$$\pi_2^* = \left[\frac{(2+b)\overline{a}}{4 - (2-\gamma)b^2}\right]^2 \cdot \frac{2 - (1-\gamma)b^2}{2}$$

而两类企业 1 在两个阶段的最优价格为

$$p_1^*(a_i) = \frac{a_i[4-(2-\gamma)b^2]+b(2+b)\overline{a}}{2[4-(2-\gamma)b^2]}, \quad i=1,2$$

相应的最优收益为

$$\pi_1^*(a_i) = \left[\frac{a_i[4-(2-\gamma)b^2]+b(2+b)\overline{a}}{2[4-(2-\gamma)b^2]}\right]^2$$

在上述时机结果 T_5 中，若企业 2 单方面偏离 T_5 而选择在第二阶段行动，则企业 2 可以更新自己的信念，即若观测到企业 1 在第一阶段行动则推测 $a=a_1$，否则推测 $a=a_2$。在上述信念下若 $a=a_1$，企业 2 单方面偏离的最优价格为

$$p_2^{\mathrm{d}}(a_1) = \frac{a_1 + bp_1^*(a_1)}{2} = \frac{(2+b)a_1 + b^2 p_2^*}{4}$$

最优收益为

$$\pi_2^{\mathrm{d}}(a_1) = \left[\frac{(2+b)a_1 + b^2 p_2^*}{4}\right]^2 = \left[\frac{2+b}{4-(2-\gamma)b^2} \cdot \frac{a_1(4-(2-\gamma)b^2) + b^2\overline{a}}{4}\right]^2$$

而若 $a=a_2$ 时，企业 2 单方面偏离的最优价格为

$$p_2^{\mathrm{d}}(a_2) = \frac{a_2}{2-b}$$

最优收益为

$$\pi_2^{\mathrm{d}}(a_2) = \frac{a_2^2}{(2-b)^2}$$

所以企业 2 偏离的事前期望收益为

$$\pi_2^{\mathrm{d}} = \gamma\pi_2^{\mathrm{d}}(a_1) + \beta\pi_2^{\mathrm{d}}(a_2)$$

令

$$f(a) = \left[\frac{2+b}{4-(2-\gamma)b^2} \cdot \frac{(4-(2-\gamma)b^2)a + b^2\overline{a}}{4}\right]^2$$

则

$$\pi_2^{\mathrm{d}} = Ef(a) + \beta \frac{a_2^2}{(2-b)^2} - \beta f(a_2)$$

又因为

$$f(E(a)) = \left[\frac{(2+b)\overline{a}}{4-(2-\gamma)b^2}\right]^2 \cdot \left[\frac{4-(1-\gamma)b^2}{4}\right]^2$$

而且

$$\left[\frac{4-(1-\gamma)b^2}{4}\right]^2 - \frac{2-(1-\gamma)b^2}{2} = \frac{(1-\gamma)^2 b^4}{16} > 0$$

所以 $f(E(a)) > \pi_2^*$。 $f(\cdot)$ 显然为凸函数，所以由 Jensen 不等式有 $Ef(a) \geqslant f(E(a)) > \pi_2^*$。又

$$\frac{a_2}{2-b} - \frac{2+b}{4-(2-\gamma)b^2} \cdot \frac{a_2(4-(2-\gamma)b^2) + b^2\overline{a}}{4} = b^2 \cdot \frac{a_2(4\gamma-b^2) - \gamma(4-b^2)a_1}{4(2-b)[4-(2-\gamma)b^2]}$$

所以只要 $\gamma > \dfrac{b^2 a_2}{4a_2 - 4a_1 + b^2 a_1}$ [①]，即有 $\pi_2^{\mathrm{d}} > \pi_2^*$。

上述结论说明在时机结果 T_5 中只要企业 2 认为市场为低需求的概率超过某一固定的值，企业 2 就会单方面偏离而在第二阶段行动。这一结论是直观的，当企业 2 认为市场为低需求的概率较大时，其在第二阶段行动收获尾随者利润的机会也较大，因而此时企业 2 会偏离而选择在第二阶段行动。

另外，注意到即使 γ 足够小，从而企业 2 不会单方面偏离，上述 T_5 中对应的 a_1 类企业 1 的均衡策略也是弱劣的。这是因为对于给定的 p_2^*，a_1 类企业 1 无论是在第一阶段还是在第二阶段选择价格 $p_1^*(a_i)$ 都是无差异的。而若 a_1 类企业 1 选择在第二阶段行动，则由命题 6.2，其收益 $\left[\dfrac{2(2-b^2)a_i + b\overline{a}(2+b)}{4(2-b^2)}\right]^2$ 严格大于

---

① 显然在给定的参数范围内，有 $\dfrac{b^2 a_2}{4a_2 - 4a_1 + b^2 a_1} < 1$，因而这样的 γ 是存在的。

$\pi_1^*(a_i)$。所以由精炼准则（1），时机结果 T_5 不构成均衡行动结果。

其次，时机结果 T_6 也不构成均衡行动顺序。

类似于上述推理，在时机结果 T_6 中企业 2 在第一阶段的最优收益为

$$\pi_2^* = \left[\frac{(2+b)\overline{a}}{4-(2-\beta)b^2} \right]^2 \cdot \frac{2-(1-\beta)b^2}{2}$$

两类企业 1 在两个阶段的最优收益为

$$\pi_1^*(a_i) = \left[\frac{a_i[4-(2-\beta)b^2]+b(2+b)\overline{a}}{2[4-(2-\beta)b^2]} \right]^2$$

企业 2 单方面偏离的最优收益为

$$\pi_2^d = Ef(a) + \gamma \frac{a_1^2}{(2-b)^2} - \gamma f(a_1)$$

其中

$$f(a) = \left[\frac{2+b}{4-(2-\beta)b^2} \cdot \frac{(4-(2-\beta)b^2)a+b^2\overline{a}}{4} \right]^2$$

又由

$$\frac{a_1}{2-b} - \frac{2+b}{4} \cdot \left(a_1 + \frac{b^2\overline{a}}{4-(2-\beta)b^2} \right) = a_1(4\beta-b^2) - \beta a_2(4-b^2)$$

$$= \beta(4a_1 - 4a_2 + b^2 a_2) - a_1 b^2$$

所以只要 $\beta > \dfrac{a_1 b^2}{4a_1 - 4a_2 + b^2 a_2}$，企业 2 也会偏离时机结果 T_6 而选择在第二阶段行动。同理可证，T_6 中 a_2 类企业 1 的均衡策略也是弱劣的。

最后，时机结果 T_7 与 T_8 也不构成均衡行动顺序。这里只证 T_7，T_8 是类似的。

若时机结果 T_7 为均衡行动顺序，则显然此时企业 2 在观测到第一阶段没有参与人行动时的推测为 $a=a_2$，因而 a_2 类企业 1 的最优收益为 $\pi^N(a_2)$。而由

命题 6.1，若 a_2 类企业 1 选择在第一阶段行动，其最优收益为 $\pi^L(a_2)$，所以此时 a_2 类企业 1 会偏离而在第一阶段行动，即时机结果 T_7 不能构成均衡行动顺序。

综上所述，时机结果 $T_5 \sim T_8$ 都不能构成上述两阶段博弈的均衡行动顺序。

以上结论说明，在行动承诺的内生时机下的双寡头价格竞争中，当其中一个企业拥有对需求截距的完全信息，而另一个企业拥有不完全信息时，均衡的行动顺序为分别以完全信息的企业和以不完全信息的企业为领头者的序贯行动（领头者-尾随者式的行动）。在以完全信息的企业为领头者的 Stackelberg 式博弈中，不完全信息的企业可以准确推断关于需求的信息，因而最终信息是完全的，两个企业的均衡价格与完全信息情况下相同，即没有任何扭曲，完全信息的企业收获 Stackelberg 领头者收益，而不完全信息的企业收获 Stackelberg 尾随者收益。由于在价格竞争中 Stackelberg 尾随者收益高于领头者收益，因此此时完全信息企业的收益低于不完全信息企业的收益。在以不完全信息的企业为领头者的 Stackelberg 式博弈中，信息没有发挥任何作用。

与完全信息下行动承诺的内生时机下的价格竞争不同，由于不完全信息下不完全信息的企业总是会避免与完全信息的企业同时行动，因此两个企业在任一阶段同时行动不构成均衡行动顺序。另外，虽然价格竞争与产量竞争是两种性质不同的竞争形式，在完全信息时，价格竞争中企业的策略是互补的，而产量竞争中企业的策略是替代的。同时在不完全信息时，当一个企业对需求的截距具有不完全信息时，价格竞争中完全信息的企业有向上谎报的动机（低需求的企业会谎报为高需求，误导对手确定一个高的价格，从而自己从中收益），而产量竞争中完全信息的企业有向下谎报的动机（高需求的企业会谎报为低需求，以误导对手选择一个低的产出，从而自己从中收益）。但在不完全信息下，在行动承诺的内生时机下两种竞争形式的均衡行动顺序是相同的，都为两种序贯行动（分别以完全信息的企业和不完全信息的企业为领头者）。在不完全信息下，行动承诺的内生时机下两种竞争形式的均衡行动顺序相同说明了信息在博弈中的重要作用。

6.3　本章小结

本章主要分析了在不完全信息情形下，差异产品的双寡头价格竞争在行动承诺的内生时机下的均衡行动顺序，其中的不完全信息表现为双寡头中的一方对线性需求的截距具有不完全信息。表明均衡行动顺序为分别以完全信息的企业和不完全信息的企业为领头者的序贯行动（Stackelberg 竞争），其他任一行动顺序都不构成均衡行动顺序，特别地两个企业在任一阶段同时行动都不能构成均衡行动顺序。在以完全信息的企业为领头者的 Stackelberg 竞争中，任意类型的领头者都不存在价格扭曲——其价格与完全信息的序贯行动中领头者的价格相同，同时尾随者能准确推断领头者的类型，其价格为完全信息的序贯行动中尾随者的价格。两个企业的均衡收益分别为 Stackelberg 竞争领头者收益和尾随者收益，因而完全信息的企业的均衡收益小于不完全信息的企业的均衡收益。

第 7 章 总结与展望

7.1 全 书 总 结

本书对内生时机下的产量与价格竞争进行了研究。在一定的准则下对可观测延迟的内生时机下产量与价格竞争的均衡进行了比较；探讨了一般效益函数下可观测延迟的内生时机下出现不同均衡行动顺序的本质条件；研究了线性需求系统下参与人在内生时机和内生策略变量选择的双重内生选择下博弈的均衡；探讨了在企业先进行 R&D 后进行产品市场竞争的多阶段博弈中内生 R&D 时机下，且产品市场分别为价格竞争和数量竞争时的均衡，并将产品市场为不同竞争形式时的均衡进行了比较；研究了不完全信息时内生时机下的价格竞争中的均衡行动顺序。全书得到的主要结论如下。

第一，可观测延迟的内生时机下价格竞争中的均衡行动顺序为分别以两个参与人为领头者的领头者–尾随者式的序贯行动，而产量竞争中的均衡行动顺序为同时行动，价格竞争均衡与产量竞争均衡在净价格产出比、加权平均产出和加权平均价格上存在以下关系：每个企业在每个内生行动顺序的价格竞争均衡中的净价格产出比均低于其在内生行动顺序的产量竞争中的相应值；内生时机下每个 Bertrand 竞争均衡中的加权平均产出（价格）都要高于（低于）Cournot

竞争均衡中的加权平均产出（价格）。这些结论表明，虽然在内生时机下价格竞争与产量竞争中的均衡行动模式不同，但产量竞争均衡中企业不可能同时拥有较低的价格和较高的产出；价格竞争均衡中至少有一个企业的产出（价格）要高于（低于）其在产量竞争均衡中的产出（价格）；任意一个价格竞争均衡中的消费者剩余和社会福利之和都高于产量竞争均衡中的消费者剩余和社会福利之和。因此从上述意义来说，内生时机下价格竞争比产量竞争更具有竞争力。

第二，在一般的框架下分析了内生时机下双寡头博弈中的均衡，给出了导致不同均衡行动顺序的本质条件。这些条件只依赖于参与人的收益函数关于对手策略变量的增减性及参与人自身的反应函数的增减性，不依赖于参与人的策略变量究竟是价格还是产量。这些结论不仅适用于一般的双寡头产量与价格竞争，也能很好地解释竞赛博弈中特定行动顺序的原因。

第三，分析了在线性需求及成本函数的双重内生选择下——参与人的行动顺序和策略变量类型都由参与人内生确定时博弈的均衡。表明当行动顺序和策略变量类型都由参与人按可观测延迟的机制内生决定时，无论参与人是在内生时机之前还是在内生时机之后决定策略变量类型，均衡结果是相同的，都为三种行动顺序的产量竞争，即分别以两个参与人为领头者的领头者-尾随者式的序贯行动和同时行动的产量竞争。这一结论说明，在参与人有充分选择自由的情况下，参与人会尽量避免价格竞争。理论上这一结论为 Stackelberg 对 Cournot 模型的批评提供了反击，它表明 Cournot 竞争与 Stackelberg 竞争一样具有存在的理由。实践上它解释了现实中产量竞争形式的多样性，同时说明了为什么现实中企业之间总是尽量避免价格战。

第四，将内生时机观点应用于既存在 R&D 又存在产品市场竞争的多阶段博弈中，研究了在内生 R&D 时机下企业先进行 R&D 后在产品市场上竞争的多阶段博弈中当产品市场竞争分别为 Bertrand 竞争和 Cournot 竞争时的均衡 R&D 顺序，并对产品市场为两种不同竞争形式时的均衡进行了比较。研究表明，无论产品市场为何种竞争形式，企业先 R&D 后在产品市场竞争的多阶段博弈在内生 R&D 时机下的均衡 R&D 顺序只由企业的外溢水平和产品的差异程度决定，与企业的 R&D 成本函数无关。具体地，相对于产品差异程度，若两个企业的外溢水平都较小，则均衡的 R&D 顺序为两个企业同时行动；若两个企业的外溢水平都较大，则均衡的 R&D 顺序为分别以两个企业为领头者的序贯行动；若一个企业的外溢水平较小而另一个企业的外溢水平较大，则均衡的 R&D 顺序为以小外溢水平的企业为领头者的序贯行动。同时无论产品市场上为何种竞争形式，每个企业在序贯 R&D 时的 R&D 水平、产品市场产量（价格）分别高于（低于）同时 R&D 的情形。而且序贯 R&D 时的社会总福利水平高于同时 R&D 的社会福利水平。这说明大的外溢水平既可以诱导企业进行高的 R&D 投入也可以增加社会福利。

　　与产品市场为 Cournot 竞争相比，当产品市场为 Bertrand 竞争时，企业同时 R&D 的可能性更大。另外，若两个企业为对称的且其外溢水平都较小，则在内生 R&D 时机下当产品市场为 Bertrand 竞争时企业的 R&D 投入要低于产品市场为 Cournot 竞争的情形，且两者都低于社会福利最优的投资水平。这说明当外溢水平较小时产品市场上的价格竞争会带来更严重的 R&D 不足。

　　第五，分析了在不完全信息情形下，差异产品的双寡头价格竞争在行动承诺的内生时机下的均衡行动顺序，其中的不完全信息表现为双寡头中的一方对线性需求的截距具有不完全信息。表明分别以完全信息的企业和不完全信息的企业为领头者的序贯行动（Stackelberg 竞争）构成均衡行动顺序，而其他任意行动顺序不构成均衡行动顺序。在以完全信息的企业为领头者的 Stackelberg 竞争中，任意类型的领头者都不存在价格扭曲——其价格为完全信息的序贯行

动中领头者的价格，领头者与尾随者之间的信号传递使得不完全信息的一方能
够准确推断领头者的类型，因而信息最终是完全的，尾随者的价格为相应的完
全信息时尾随者的价格。

7.2　展　　望

产量与价格竞争作为产业经济学中的经典模型，虽然历经数百年的发展，
但绝非臻于完善。作为近年来产量与价格竞争的一个新兴研究方向，内生时机
下的产量与价格竞争更是有很多亟待解决的问题。其有待进一步研究的问题体
现在以下几个方面。

第一，无论是对内生时机还是对双重内生选择下产量与价格竞争均衡的研
究，本书都是对于双寡头进行的，这也是目前几乎所以相关研究的一个共同点。
同时本书对双重内生选择下博弈均衡的研究主要集中在线性需求及成本函数
的情形。对内生时机下多寡头博弈均衡的研究以及一般需求及成本函数的双重
内生选择下博弈均衡的研究是一个更切合实际却更复杂的问题。

第二，在已有研究中对内生时机下产量与价格竞争均衡的研究主要集中在
参与人对行动水平的选择是一次性的情形。当参与人有多次行动水平的选择机
会时，即行动承诺机制下参与人在两阶段甚至是在多阶段都可行动时，博弈均
衡的研究目前主要集中在完全信息方面，且已有研究表明在这种情形下一般会
出现多个均衡甚至是无数个均衡。进一步研究内生时机下不完全信息的这种多
阶段行动博弈的均衡及如何剔除多个均衡中的不合理均衡必能得出更有意义
的结果。

第三，本书第 5 章研究了内生时机在既存在 R&D 又存在产品市场竞争的

多阶段动态博弈中的应用。内生时机的观点具有广阔的应用前景，进一步推进其在其他不同动态环境中的应用必能得到更具说服力的结果。

第四，对内生时机下不完全信息的价格与产量竞争的研究是一个新兴的领域，在目前的已有研究中，信息的不完全表现为需求为随机的且为离散的，对内生时机下更一般的不完全信息下价格与产量竞争均衡的研究有待进一步深入。

参 考 文 献

[1] COURNOT A. Researches into the mathematical principles of the theory of wealth. New York: MacMillan, 1838.

[2] BERTRAND J. Review of Cournot. Journal des Savants, 1883: 499-508.

[3] STACKELBERG H. Marktform und Gleichgewicht. Vienna: Springer Press, 1934.

[4] TIROLE J. The theory of industrial organization. Cambridge: MIT Press, 1988.

[5] GIBBONS R. Game theory for applied economists. Princeton: Princeton University Press, 1992.

[6] 罗云峰. 博弈论教程. 北京：清华大学出版社，2007.

[7] FUDENBERG J, TIREOLE J. Game theory. Cambridge: MIT Press, 1993.

[8] HAMILTON J, SLUTSKY S. Endogenous timing in duopoly games: Stackelberg or Cournot equilibria. Games and economic behavior, 1990, 2: 29-46.

[9] EDGEWORTH F. The theory of pure monopoly//Papers relating to political economy, 1925.

[10] SCHELLING T C. The Strategy of conflict. Cambridge: Harvard University

Press, 1960.

[11] TARSKI A. A lattice-theoretical fixed-point theorem and its applications. Pacific journal of mathematics, 1955, 5: 285-309.

[12] TOPKIS D. Minimizing a submodular function on a lattice. Operations research, 1978, 26: 305-321.

[13] VIVES X. Nash equilibrium with strategic complementarities. Journal of mathematic economics., 1990. 19: 305-321.

[14] VIVES X. Oligopoly pricing: old ideas and new tools. Cambridge: MIT Press, 1999.

[15] MILGROM P, ROBERTS J. Rationalizability, learning, and equilibrium in games with strategic complementarities. Econometrica, 1990, 58: 1255-1278.

[16] MILGROM P, SHANNON C. Monotone comparative statics. Econometrica, 1994, 62(1): 157-180.

[17] ATHEY S. Single-crossing properties and the existence of pure-strategy equilibria in games of incomplete information. Econometrica, 2001, 69: 861-889.

[18] MCMANUS M. Equilibrium, numbers and size in Cournot oligopoly. Yorkshire bulletin of social and economic research, 1964, 16: 97-105.

[19] SZIDAROVSZKY F, YAKOWITZ S. A New proof of the existence and uniqueness of the Cournot equilibrium. International economic review, 1977, 18: 12-21.

[20] NOVSHEK W. On the existence of Cournot equilibrium. Review of economic studies, 1985, 52: 85-98.

[21] AMIR R. Cournot oligopoly and the theory of supermodular games. Games and economic behavior, 1996, 15: 132-148.

[22] AMIR R, LAMBSON V. On the effects of entry in Cournot markets. Review of economic studies, 2000, 67: 235-254.

[23] AMIR R. Ordinal versus cardinal complementarity: the case of Cournot oligopoly. Games and economic behavior, 2005, 53: 1-14.

[24] TOPKIS D. Submodularity and complementarity. Princeton: Princeton University Press, 1998.

[25] EINY E. On the existence of Bayesian Cournot equilibrium. Games and economic behavior, 2010, 68(1)：77-94.

[26] SPULBER DF. Bertrand competition when rivals' costs are unknown. The journal of industrial economics, 1995, 43(1): 1-11 .

[27] CABRAL LM, VILLAS B M. Bertrand supertraps. Management science, 2005, 51(4): 599-613.

[28] ONO Y. Price leadship: a theoretical analysis. Economica, 1982, 49: 11-20.

[29] SCHOONBEEK L. Stackelberg price leadship in the linear heterogenous duopoly. Journal of economics, 1990, 52: 167-175.

[30] DENECKERE R, KOVENOCK D. Price leadership. Review of economic studies, 1992, 59: 143-162.

[31] HOTELLING H. Stability in competition. Economic journal, 1929, 39: 41-57.

[32] SINGH N, VIVES X. Price and quantity competition in a differentiated duopoly. Rand journal of economics, 1984, 15: 546-554.

[33] VIVES X. On the efficiency of Bertrand and Cournot equilibria with product

differentiation. Journal of economic theory, 1985, 36: 166-175.

[34] SALONER G. Cournot duopoly with two production periods. Journal of economic theory, 1987, 42: 183-187.

[35] FRANK CR, QUANDT R E. On the existence of Cournot equilibrium. International economic review, 1963, 5: 45-56.

[36] GAL-OR E. First mover and second mover advantages. International economic review, 1985, 26: 649-653.

[37] DOWRICK S. Stackelberg and Cournot duopoly: choosing roles. Rand journal of economics, 1986, 17: 251-260.

[38] DAMME E, HURKENS S. Endogenous Stackelberg leadership. Games and economic behavior, 1999, 28: 105-129.

[39] AMIR R, GRILO I. Stackelberg versus Cournot equilibrium. Games and economic behavior, 1999, 26: 1-21.

[40] DAMME E, HURKENS S. Endogenous price leadership. Games and economic behavior, 2004, 47: 404-420.

[41] HARSANYI J, SELTEN R. A general theory of equilibrium selection in games. Cambridge: MIT Press, 1988.

[42] PASTINE I, PASTINE T. Cost of delay and endogenous price leadership. International journal industrial organization, 2004, 22: 135-145.

[43] AMIR R, GRILO I，JIN J. Demand-induced endogenous price leadership. International game theory review, 1999, 1: 219-240.

[44] AMIR R, STEPANOVA A. A second-mover advantage and price leadership in Bertrand duopoly. Games and economic behavior, 2006, 55: 1-20.

[45] PAL D. Endogenous timing in a mixed oligopoly. Economics letters, 1998,

61: 181-185.

[46] CARLOS J, RUIZ B R. Endogenous timing in a mixed duopoly: price competition. Journal of economics, 2007, 91(3): 263-272.

[47] LU Y. Endogenous timing in a mixed oligopoly with foreign competitors: the linear demand case. Journal of economics, 2006, 88(1): 49-68.

[48] HENKEL J. The 1.5th mover advantage. Rand journal of economics, 2002, 33: 156-170.

[49] DAMME E, HURKENS S. Commitment robust equilibria and endogenous timing. Games and economic. behavior, 1996, 15: 290-311.

[50] GAL-OR E. First mover disadvantages with private information. Review of economic studies, 1987, 54: 279-292.

[51] RAJU J S, ROY A. Market information and firm performance. Management science, 2000, 46: 1075-1084.

[52] MAILATH G. Endogenous sequencing of firm decisions. Journal of economic theory, 1993, 59: 169-182.

[53] NORMANN H T. Endogenous Stackelberg equilibria with incomplete information. Journal of economics 1997, 66(2): 177-187.

[54] NORMANN H T. Endogenous timing with incomplete information and with observable delay. Games and economic behavior, 2002, 39: 282-391.

[55] PAL D. Cournot duopoly with two production periods and cost differentials. Journal of economic theory, 1991, 55: 441-448.

[56] ROBSON A. Duopoly with endogenous strategic timing: Stackelberg regained. International economic review, 1990, 31: 263-274.

[57] BANERJEE A, COOPER D. Do quantity-setting oligopolists play the

Cournot equilibrium. Havard Institute of economic research, discussion Paper, 1992.

[58] MAGGI G. Endogenous leadership in a new market. Rand journal of economics, 1996, 27: 641-659.

[59] ROMANO R, YILDIRIM H. On the endogeneity of Cournot－Nash and Stackelberg equilibria: games of accumulation. Journal of economic theory, 2005, 120: 73-107.

[60] ROMANO R, YILDIRIM H. Why charities announce donations: a positive perspective. Journal of public economics, 2001, 81: 423-447.

[61] POTTERS J, SEFTON M, VESTERLUND L. Why announce leadership contributions? An experimental study of the signaling and reciprocity hypotheses, working paper, 2001.

[62] POTTERS J, SEFTON M, VESTERLUND L. After you—endogenous sequencing in voluntary contribution games. Journal of public economics, 2005, 89: 1399-1419.

[63] LEININGER W. More efficient rent-seeking: a munchhausen solution. Public choice, 1993, 75, 43-62.

[64] MORGAN J. Sequential contests. Public choice, 2003, 116: 1-18.

[65] MUJUMDAR S, PAL D. Strategic managerial incentives in a two-period Cournot duopoly. Games and economic behavior, 2007, 58: 338-353.

[66] HACKNER J. A Note on price and quantity competition in differentiated oligopolies. Journal of economic theory, 2000, 93: 233-239.

[67] JUDY H, HENRY W X. On welfare under Cournot and Bertrand competition in differentiated oligopolies. Review of industrial organization, 2005, 27:

185-191.

[68] CELLINI R, LAMBERTINI L, OTTAVIANO G I P. Welfare in a differentiated oligopoly with free entry: a cautionary note. Research in economics, 2004, 58: 125-133.

[69] MUKHERJEE A. Price and quantity competition under free entry. Research in economics, 2005, 59: 335-344.

[70] LOFARO A. On the efficiency of Bertrand and Cournot competition under incomplete information. European Journal of political economy, 2002, 18: 561-578.

[71] AMIR R, JIN J. Cournot and Bertrand equilibria compared: substitutability, complementarity and concavity. International journal industrial organization, 2001, 19: 303-317.

[72] SUETENS S, POTTERS J. Bertrand colludes more than Cournot. Experimental economics, 2007, 10: 71-77.

[73] QIU L D. On the dynamic efficiency of Bertrand and Cournot equilibria. Journal of economic theory, 1997, 75: 213-229.

[74] SYMEONIDIS G. Comparing Cournot and Bertrand equilibria in a differentiated duopoly with product R&D. International journal of industrial organization, 2003, 21: 39-55.

[75] LIN P, SAGGI K. Product differentiation, process R&D, and the nature of market competition. European economic review, 2002, 46: 201-211.

[76] LOPEZ M C, NAYLOR R A. The Cournot–Bertrand profit differential: a reversal result in a dierentiated duopoly with wage bargaining. European economic review, 2004, 48: 681-696.

[77] TANAKA Y. Profitability of price and quantity strategies in an oligopoly. Journal of mathematical economics, 2001, 35: 409-418.

[78] TANAKA Y. Profitability of price and quantity strategies in a duopoly with vertical product differentiation. Economic theory, 2001, 17: 693-700.

[79] CHENG Z Q, CHARLES S. Bertrand versus Cournot revisited. Economic theory 1997, 10: 497-507.

[80] TASNADI A. Price vs. quantity in oligopoly games. International journal of industrial organization, 2006, 24: 541-554.

[81] KLEMPERER P, MEYER M. Price competition vs. quantity competition: the role of uncertainty. Rand journal of economics, 1986, 17: 546-554.

[82] DASGUPTA S, SHIN J. Managerial risk-taking incentives, product market competition and welfare. European economic review, 2004, 48: 391-401.

[83] VARIAN H. Sequential contributions to public goods. Journal of public economics, 1994, 53: 165-186.

[84] MARX L, MATTHEWS S. Dynamic voluntary contribution to a public project. Review of economic studies, 2000, 67: 327-358.

[85] VESTERLUND L. Informational value of sequential fundraising. Journal of public economics, 2003, 87: 627-657.

[86] LEAHY D, NEARY J P. Public policy toward R&D in oligopolistic industries. American economic review, 1997, 87: 642-662.

[87] MAGGI G. Strategic trade policies with endogenous mode of competition. American economic review, 1996, 86: 237-258.

[88] SHUBIK M. Market structure and behavior. Cambridge: Harvard University Press, 1980.

[89] NEARY J P, LEAHY D. Strategic trade and industrial policy towards dynamic oligopolies. Economic Journal, 2000, 110: 484-508.

[90] MOLLER M. The timing of contracting with externalities. Journal of economic theory, 2007, 133: 484-503.

[91] FU Q. Endogenous timing of contest with asymmetric information. Public choice, 2006, 129: 1-23.

[92] FRIEDMAN J W. Oligopoly and the theory of games. Amsterdam: North-Holland, 1977.

[93] ALGER D R. Markets where firms select both prices and quantities: an essay on the foundations of micro-economic theory. Doctoral dissertation, Northwestern University, 1979.

[94] KREPS D, SCHEINKMAN J. Quantity precommitment and Bertrand competition yield Cournot outcomes. Bell journal of economics, 1983, 14: 326-337.

[95] DAVIDSON C, DENECKERE R. Long-run competition in capacity, short-run competition in price, and the Cournot model. Rand journal of economics, 1986, 17: 404-415.

[96] HELLWIG M, LEININGER W. On the existence of subgame-perfect equilibrium in infinite-action games of perfect information. Journal of economic theory, 1987, 43: 55-57.

[97] BULOW, JEREMY I, GEANAKOPLOS J D, et al. Multimarket oligopoly: strategic substitute and complements. Journal of political economy, 1985, 93: 488-511.

[98] BOCCARD N, WAUTHY X. Bertrand competition and Cournot outcomes:

further results. Economics letters, 2000, 68: 279-285.

[99] D'ASPREMONT C, JACQUEMIN A. Cooperative and noncooperative R&D in duopoly with spillovers. American economic review, 1988, 78: 1133-1137.

[100] KAMIEN M, MULLER E，ZANG I. Research joint ventures and R&D cartels. American economic review, 1992, 82: 1293-306.

[101] AMIR R. Modelling imperfectly appropriable R&D via spillovers. International journal of industrial organization, 2000, 18: 1013-1032.

[102] AMIR R, WOODERS J. One-way spillovers, endogenous innovator/ imitator roles, and research joint ventures. Games and economic behavior, 2000, 31: 1-25.

[103] AMIR R, EVSTIGNEEV I，WOODERS J. Noncooperative R&D versus cooperative R&D with endogenous spillover rates. Games and economic behavior, 2003, 42: 183-207.

[104] KAMIEN M, ZANG I. Meet me halfway: research joint ventures and absorptive capacity. International journal of industrial organization, 2000, 18 : 995-1012.

[105] 张化尧，万迪，袁安府，等. 基于创新外溢性与不确定性的企业 R&D 行为分析. 管理工程学报，2006，20（1）：50～52.

[106] LEAHY D, NEARY J P. Public policy towards R&D in oligopolistic industries. American economic review, 1997, 87: 642-662.

[107] NEARY J P, LEAHY D. Strategic trade and industrial policy dynamic oligopolies. Economic journal, 2000, 110: 484-508.

[108] BRANDER J, SPENCER B. Strategic commitment with R&D: the

symmetric case. Bell journal economiics, 1983, 14: 225-235.

[109] REINGANUM J. Innovation and industry evolution. Quarterly journal of economics, 1985, 99: 81-99.

[110] VICKERS J. The evolution of market structure when there is a sequence of innovations. Journal of industrial economics, 1986: 1-12.

[111] ATHEY S, SCHMUTZLER A. Investment and market dominance. Rand journal of economics, 2001, 32: 1-26.

[112] CHO I K, KREPS D M. Signaling games and stable equilibrium. Quarterly journal of economics, 1987, CII: 179-221.

[113] LAFFORT J, MASKIN E. The theory of incentives: an overview// HILLDENBRAND W. Advances in economic theory. Cambridge: Cambridge University Press, 1982.